基于PyTorch的深度学习

Ian Pointer 著

林琪 译

Beijing · Boston · Farnham · Sebastopol · Tokyo

O'Reilly Media, Inc. 授权中国电力出版社出版

图书在版编目（CIP）数据

基于PyTorch的深度学习 /（美）伊恩·波恩特（Ian Pointer）著；林琪译. — 北京：中国电力出版社，2020.8（2022.4重印）

书名原文：Programming PyTorch for Deep Learning

ISBN 978-7-5198-4832-3

I. ①基… II. ①伊… ②林… III. ①机器学习 IV. ①TP181

中国版本图书馆CIP数据核字(2020)第140367号

北京市版权局著作权合同登记 图字：01-2020-3805号

出版发行：中国电力出版社

地　　址：北京市东城区北京站西街 19 号（邮政编码 100005）

网　　址：http://www.cepp.sgcc.com.cn

责任编辑：刘 炽（liuchi1030@163.com）

责任校对：黄 蓓，郝军燕

装帧设计：Susan Thompson，张 健

责任印制：杨晓东

印　　刷：北京天宇星印刷厂

版　　次：2020 年 8 月第一版

印　　次：2022 年 4 月北京第二次印刷

开　　本：750 毫米 ×980 毫米 16 开本

印　　张：15.75

字　　数：292 千字

印　　数：3001—4000 册

定　　价：68.00元

O'Reilly Media, Inc.介绍

O'Reilly以"分享创新知识、改变世界"为己任。40多年来我们一直向企业、个人提供成功所必需之技能及思想，激励他们创新并做得更好。

O'Reilly业务的核心是独特的专家及创新者网络，众多专家及创新者通过我们分享知识。我们的在线学习（Online Learning）平台提供独家的直播培训、图书及视频，使客户更容易获取业务成功所需的专业知识。几十年来O'Reilly图书一直被视为学习开创未来之技术的权威资料。我们每年举办的诸多会议是活跃的技术聚会场所，来自各领域的专业人士在此建立联系，讨论最佳实践并发现可能影响技术行业未来的新趋势。

我们的客户渴望做出推动世界前进的创新之举，我们希望能助他们一臂之力。

业界评论

"O'Reilly Radar博客有口皆碑。"

——Wired

"O'Reilly凭借一系列非凡想法（真希望当初我也想到了）建立了数百万美元的业务。"

——Business 2.0

"O'Reilly Conference是聚集关键思想领袖的绝对典范。"

——CRN

"一本O'Reilly的书就代表一个有用、有前途、需要学习的主题。"

——Irish Times

"Tim是位特立独行的商人，他不光放眼于最长远、最广阔的领域，并且切实地按照Yogi Berra的建议去做了：'如果你在路上遇到岔路口，那就走小路。'回顾过去，Tim似乎每一次都选择了小路，而且有几次都是一闪即逝的机会，尽管大路也不错。"

——Linux Journal

目录

第 6 章 声音之旅 113

前言

当今世界的深度学习

大家好！这本书将为你介绍使用 PyTorch 的深度学习编程，PyTorch 是 Facebook 在 2017 年发布的一个开源库。除非过去这几年你像鸵鸟把头埋在沙子里一样两耳不闻窗外事，否则，肯定会注意到，如今神经网络已经无处不在。在人们眼里，之前神经网络是那种高深莫测的计算机科学概念，似乎华而不实，并不能具体做什么。不过，这已经成为过去，现在我们每天的生活都少不了神经网络，手机里可能安装了相应软件可以美化我们的照片或者会听从我们的语音命令。Email 软件能读取邮件，结合上下文自动生成回复，智能音箱会留心听我们在说什么，汽车能自动驾驶，而 Go 终于代表计算机打败了人类。我们还看到，在一些国家这种技术被用于不好的目的，在那里，神经网络支持的电子哨兵可以从人群中识别人脸，并决定是否逮捕他们。

不过，尽管我们感觉这一切发生得太快，但实际上，神经网络和深度学习的概念早已经出现。这种网络能够近似地替代任何数学函数，这一证明可以追溯到 1989 年[注1]，可以训练神经网络来完成很多不同任务的观点正是以此为基

注 1： 参见 George Cybenko 的 "Approximation by Superpositions of Sigmoidal Functions" (1989)。

1

础，另外在 20 世纪 90 年代后期，已经开始使用卷积神经网络识别支票上的数字。在这段时间里，我们已经打下了坚实的基础，那么为什么感觉最近十年突然呈现出爆炸式的发展？这有很多原因，不过主要原因是图形处理单元（graphical processing unit，GPU）性能突飞猛进的增长以及 GPU 的日益普及。GPU 原先是为游戏设计的，是为了渲染你在控制台或 PC 机上玩的飞车或射击游戏中的所有多边形，需要每秒执行不计其数的矩阵运算，这不是标准 CPU 擅长的操作。2009 年 Rajat Raina 等人发表的一篇文章 "Large-Scale Deep Unsupervised Learning Using Graphics Processors"（使用图形处理器的大规模深度无监督学习）指出，训练神经网络也基于执行大量的矩阵运算，因此这些附加的图形卡可以用来加速训练，同时也使更大、更深层次的神经网络架构第一次变得可行。另外，近十年还引入了一些重要的技术，如 Dropout（将在第 3 章介绍），不仅能加速训练，还使得训练更有泛化性（网络不只是学习如何识别训练数据，这个问题称为过拟合（overfitting），第 1 章就会遇到这个问题）。在过去几年里，众多公司已经将这种基于 GPU 的方法提升到一个新的层次，Google 推出了他们的张量处理单元（tensor processing unit，TPU），这些定制设备（芯片）用于尽可能快地完成深度学习，甚至作为 Google 云生态系统的一部分提供给公众。

另外，我们也可以通过 ImageNet 竞赛追踪过去十年深度学习的发展。ImageNet 是一个庞大的数据库，包含超过 1400 万个图像，手动标记为 2 万个类别，这是一个用于机器学习的有标签数据的宝库。从 2010 年开始，年度 ImageNet 大规模视觉识别挑战赛（ImageNet Large Scale Visual Recognition Challenge，ILSVRC）在这个数据库的一个包含 1000 个类别的子集上测试所有参赛者的表现，直到 2012 年之前，应对挑战的错误率还停留在 25% 左右。不过，那一年一个深度卷积神经网络以错误率 16% 赢得了比赛，远远超过了其他参赛者。在接下来的几年里，错误率进一步地下降，直到 2015 年，ResNet 架构的错误率达到 3.6%，这已经超过了人类在 ImageNet 上的平均表现（5%）。我们被机器超越了！

不过，深度学习到底是什么，是不是只有博士才能理解？

深度学习的定义与其说给人启发，不如说更容易让人困惑。一种定义是：深度学习是一种机器学习技术，会使用多层非线性变换渐进地由原始输入提取特征。这么说没错，但实际上没有太大帮助，对不对？我更喜欢把它描述为一种解决问题的技术，就是要提供输入和期望的输出，让计算机寻找解决方案，这里通常会使用一个神经网络。

让很多人对深度学习退避三舍的一个原因是数学。查看这个领域的任何一篇论文，你都会看到大量让人难以置信的希腊字母符号，这可能会让你心生畏惧，大叫着跑开。关键是：大多情况下，使用深度学习技术并不要求你是一个数学天才。实际上，对于这项技术的大多数日常基本使用，你根本不需要有太多了解，如果确实想了解发生了什么（第 2 章会介绍），也只需稍稍扩展一些，来理解可能在高中就学过的一些概念。所以不要对数学太过畏惧。读完第 3 章时，你就能只用几行代码建立一个图像分类器，甚至可以与 2015 年最优秀的专业人士提供的结果相媲美。

PyTorch

在一开始我提到过，PyTorch 是 Facebook 的一个开源产品，可以用来编写 Python 深度学习代码。它有两个起源。首先，从名字不难想到，它的很多特性和概念都是从 Torch 得来的，这是一个基于 Lua 的神经网络库，可以追溯到 2002 年。它的另一个主要父框架是 2015 年日本创建的 Chainer。Chainer 是最早提供动态（eager）方法而不是定义静态图完成分类的神经网络库之一，这在创建、训练和操作网络方面可以提供更大的灵活性。由于结合了 Torch 的特性和 Chainer 的理念，这使得 PyTorch 在过去两年大为流行[注2]。

注 2：　需要指出，PyTorch 借鉴了 Chainer 的理念，而不是具体代码。

这个库还提供了很多模块，可以帮助管理文本、图像和音频（torchtext, torch-vision 和 torchaudio），还有诸如 ResNet 等流行架构的内置实现（带权重，可以下载权重从而为迁移学习等技术提供帮助，这个内容将在第 4 章介绍）。

除了 Facebook 以外，PyTorch 很快被业界接受，很多公司（如 Twitter, Salesforce, Uber 和 NVIDIA）采用了不同方式用 PyTorch 来完成他们的深度学习工作。我觉得你会有一个问题……

那么 TensorFlow 呢？

下面就来了解 Google 开发的这个庞然大物，PyTorch 有哪些 TensorFlow 不具有的特性呢？为什么要学习 PyTorch 而不是 TensorFlow？答案是，传统 TensorFlow 的工作方式与 PyTorch 不同，这对编写代码和调试有一些重要影响。在 TensorFlow 中，要使用这个库建立神经网络架构的一个图表示，然后在这个图上执行操作，这在 TensorFlow 库中进行。这种声明式编程方法与 Python 的命令式编程范式有些不一致，这意味着 Python TensorFlow 程序看起来有些奇怪，而且很难理解。另一个问题是，由于使用静态图声明，与 PyTorch 相比，这使得训练和推理时动态修改架构要复杂得多，而且充斥大量样板代码。

由于这些原因，PyTorch 在面向研究的社区中开始流行。提交到国际学习表征会议（International Conference on Learning Representations，ICLR）的论文中，提到 PyTorch 的论文数在过去的一年中翻了一倍，而提到 TensorFlow 的论文数只是基本持平。PyTorch 肯定会得到广泛使用。

不过，TensorFlow 的更新版本中发生了一些变化。最近这个库中增加了一个名为动态图机制（eager execution）的新特性，允许 TensorFlow 采用与 PyTorch 类似的工作方式，而且这将成为 TensorFlow 2.0 中推广的范式。不过，除了 Google 之外，能帮助你学习这种使用 TensorFlow 的新方法的新资源很少，而且要想充分利用这个库，需要很多年的工作来了解另一种编程范式。

但所有这些不应该让你对 TensorFlow 留下不好的印象，毕竟它仍然是一个经过行业验证的库，而且得到了全球最大公司之一的支持。我想说的是，Py-

Torch（当然，得到了另一个全球最大公司之一的支持）是实现深度学习和可微分编程的一种更精简、更集中的方法。因为它不用继续支持更老的 API，所以与 TensorFlow 相比，用 PyTorch 更容易学习，也更有效率。

那么 Keras 和它有什么关系呢？这也是一个好问题！Keras 是原先支持 The-ano 和 TensorFlow 的一个高层深度学习库，现在还支持另外一些框架，如 Apache MXNet。它提供了一些特性，如训练、验证和测试循环（底层框架会把这作为练习留给开发人员），另外还提供了建立神经网络架构的一些简单方法。它为 TensorFlow 的广泛应用做出了巨大贡献，现在已经成为 Tensor-Flow 本身的一部分（即 tf.keras），而且继续作为一个单独的项目在进行。相比之下，PyTorch 是介于底层 TensorFlow 和 Keras 之间的一个中间层，我们必须写自己的训练和推理例程，但是创建神经网络几乎同样简单（另外需要指出，对于 Python 开发人员来说，PyTorch 建立和重用架构的方法比 Keras 的"魔法"更符合逻辑）。

在这本书中你会看到，尽管 PyTorch 常用于更面向研究的场合，但随着 Py-Torch 1.0 的出现，它也完全适用生产环境用例。

本书使用约定

本书使用如下排版约定：

斜体（*Italic*）
 表示新术语、URL、email 地址、文件名和文件扩展名。

等宽字体（`Constant Width`）
 用于程序代码清单，以及在段落中用来指示程序元素，如变量或函数名、数据库、数据类型、环境变量、语句和关键字。

等宽粗体（**`Constant Width Bold`**）
 表示要由用户直接键入的命令或其他文字。

等宽斜体（*Constant Width Italic*）

　　表示该文本要替换为用户提供的值或由上下文确定的值。

 表示提示或建议。

 表示一般性说明。

 表示警告或警示。

使用代码示例

这本书的补充材料（代码示例，练习等）可以从 *https://oreil.ly/pytorch-github* 下载。

本书的目的是要帮你完成工作。一般来讲，你可以在你的程序和文档中使用这些示例代码，不需要联系我们来得到许可，除非你直接复制了大部分的代码。例如，如果你在编写一个程序，使用了本书中的多段代码，则不需要得到许可。但是出售或发行 O'Reilly 书示例代码光盘则需要得到许可。回答问题时如果引用了这本书的文字和示例代码，则不需要得到许可。但是如果你的产品文档借用了本书中大量示例代码，则需要得到许可。

我们希望但不严格要求标明引用出处。引用信息通常包括书名、作者、出版商和 ISBN。例如，"Programming PyTorch for Deep Learning by Ian Pointer (O'Reilly). Copyright 2019 Ian Pointer, 978-1-492-04535-9"。

如果你认为在使用代码示例或其他内容时超出了合理使用范围或者上述许可范围，可以随时联系我们：*permissions@oreilly.com*。

O'Reilly Online Learning

O'REILLY® 40 年间，O'Reilly Media 为众多公司提供技术和商业培训，提升知识储备和洞察力，为企业的成功助力。

我们有一群独家专家和创新者，他们通过图书、文章、会议和在线学习平台分享知识和技术。O'Reilly 的在线学习平台提供按需访问的直播培训课程、详细的学习路径、交互式编程环境，以及由 O'Reilly 和其他 200 多家出版社出版的书籍和视频。详情请访问 *http://oreilly.com*。

联系我们

任何有关本书的意见或疑问，请按照以下地址联系出版社。

美国：

O'Reilly Media, Inc.
1005 Gravenstein Highway North
Sebastopol, CA 95472

中国：

北京市西城区西直门南大街 2 号成铭大厦 C 座 807 室（100035）
奥莱利技术咨询（北京）有限公司

勘误、示例和其他信息可到 *https://oreil.ly/prgrming-pytorch-for-dl* 上获取。

对本书的评论或技术疑问，可以发电子邮件到 *bookquestions@oreilly.com*。

欲了解本社图书、课程、会议和新闻等更多信息，请访问我们的网站 *http://www.oreilly.com*。

我们的 Facebook：*http://facebook.com/oreilly*。

我们的 Twitter：*http://twitter.com/oreillymedia*。

我们的 YouTube：*http://www.youtube.com/oreillymedia*。

致谢

非常感谢我的编辑 Melissa Potter、我的家人还有 Tammy Edlund，感谢你们的帮助，才使这本书得以问世。另外，还要感谢所有技术审校，感谢你们在整个写书过程中提供了极有价值的反馈，包括 Phil Rhodes、David Mertz、Charles Givre、Dominic Monn、Ankur Patel 和 Sarah Nagy。

第 1 章

PyTorch 入门

这一章我们先来打基础，做好使用 PyTorch 需要的所有准备。一旦做好准备，后面的每一章都会建立在这个基础上，所以第一步一定要走好，这很重要。这就带来了我们的第一个基本问题：要组装一个定制的深度学习计算机，还是在众多基于云的现成资源中选择一个直接使用？

组装定制深度学习计算机

刚进入深度学习领域时，你可能会有一种冲动，想造一个庞然大物，满足你的所有计算需要。你可能会花好些天仔细查看不同类型的显卡，了解不同的CPU 可提供多少条内存通道，考虑买哪种内存最好，另外，购买多大的 SSD 硬盘可以使你的磁盘访问尽可能快。其实，我自己也抵御不了这种诱惑，几年前，我就曾经花一个月的时间列了一个配件清单，攒了一台新计算机放在我的餐厅桌上。

我的建议是（特别是如果你刚接触深度学习）：不要这么做。你会轻而易举地花掉几千美元，却很少使用组装的这个计算机。实际上，我建议你先使用云资源（可以是 Amazon Web Services，Google Cloud 或 Microsoft Azure）完成这本书的学习，之后，如果你认为确实需要一台机器全天无休地运行，在这种情况下才应当考虑组装一台属于自己的计算机。如果只是为了运行这本书中的代码，没有必要花太多钱购买硬件。

你可能根本不需要自己组装一台定制机器。当然有时候这么做是合适的，如果你知道计算总是仅限于一台机器（最多只有几个 GPU），组装一台定制机器可能更便宜。不过，如果你的计算需要跨多台机器，使用更多 GPU，那么云更有吸引力。考虑到组装一台定制机器的成本，在真正着手组装之前，我会仔细考虑很长时间。

如果以上说明还没有让你打消自己组装计算机的念头，下面几节将给出一些建议，告诉你组装定制计算机需要些什么。

GPU

每一个深度学习机器的核心是 GPU，它要为大部分 PyTorch 计算提供动力，这可能也是机器中最贵的部件。近几年来，由于在比特币之类的加密货币挖矿中大量使用，GPU 的价格在不断上涨，而供应量却在不断缩减。好在这个泡沫正逐渐消退，GPU 的供应正在恢复。

写这本书时，建议选择 NVIDIA GeForce RTX 2080 Ti。如果想更便宜一些，也可以选择 1080 Ti（不过，如果你出于预算方面的原因经过权衡选择了 1080 Ti，那么建议你还是考虑云方案）。尽管市面上有 AMD 制造的 GPU 卡，但是目前它们对 PyTorch 的支持还不够好，所以除了 NVIDIA 卡，不建议选择其他 GPU 卡。不过，要关注 AMD 的 ROCm 技术，最终这会使 AMD 在 GPU 市场上占有一席之地，并成为一个可靠的选择。

CPU/ 主板

你可能想选择 Z370 系列的主板。很多人会告诉你，对于深度学习而言，CPU 并不那么重要，只要你有一个性能强大的 GPU，即使 CPU 速度慢一点也没关系。不过，从我的经验来看，你会惊讶地发现，很多情况下 CPU 会成为瓶颈，特别是在处理增强数据时。

RAM

RAM 越多越好，因为这意味着你可以在内存中保留更多数据，而不用访问速度慢得多的磁盘存储（特别是在训练阶段，这一点尤其重要）。你的机器至少要有 64GB DDR4 内存。

存储

定制机器安装的存储要分为两类：第一类是 M2 接口固态硬盘（solid-state drive, SSD），只要财力允许，SSD 要尽可能大，这样在活跃地处理项目工作时，就能尽可能快地访问你的热数据。对于第二类存储，可以增加一个 4TB Serial ATA (SATA) 硬盘来维护不太活跃的数据，并根据需要转换冷热存储。

建议你访问 PCPartPicker（*https://pcpartpicker.com/*），看看其他人的深度学习机器（你还会看到各种各样千奇百怪的想法）。你会对配件清单和相应价格有所了解，价格变动可能很大，特别是 GPU 卡。

既然已经简单了解了本地物理机器的诸多选择，下面再来看云。

使用云的深度学习

你可能会问这样一个问题：为什么云方案更好？特别是当你看过 Amazon Web Services（AWS）的定价方案，并且算出组装一个深度学习机器 6 个月就能收回成本，是不是会对此有些质疑？可以这样来想：如果你刚刚涉足深度学习，这 6 个月里肯定不会全天无休地使用这台机器。绝对不会。这意味着，如果使用云方案，你完全可以关闭云主机，在此期间可以只为所存储的数据付费。

另外，如果你刚起步，不需要那么奢侈地马上为云实例使用一个 NVIDIA leviathan Tesla V100 卡。你可以先从一个便宜得多（有时甚至是免费的）基于 K80 的实例入手，做好准备时再转为性能更强大的卡。与为你的定制机器购买一个基本 GPU 卡然后升级到 2080Ti 相比，这样要便宜一些。另外，如果你想为一个实例增加 8 个 V100 卡，只需要轻点几下鼠标就可以做到。想想看如果要在你的硬件上做这个调整，那可就麻烦多了。

还有一个问题是维护。如果你养成了一个好习惯，会定期地重新创建你的云实例（最理想的情况是每次回来做实验时都开始一个新实例），那么你几乎总是有一个最新的机器。但是如果你有自己的机器，就要由你自己来完成更新。在这方面，我必须承认，我就有自己的定制深度学习机器，但总是忽略Ubuntu 安装，由于时间太久，以至于它已经不再支持更新，最后我不得不花一天时间来恢复系统，使它能再次接受更新。实在是尴尬。

不管怎样，你已经决定选择云。太好了！下一个问题是：选择哪家提供商？

Google Colaboratory

先等一下，在考虑选择提供商之前，如果你根本不想做任何工作，既不想那么麻烦地组装一个机器，也不想费劲地创建云实例，该怎么做呢？哪里有真正的懒方案？Google 为你提供了这样一个选择。Colaboratory（或 Colab）提供了一个基本上免费的零安装定制 Jupyter Notebook 环境。你需要有一个Google 账户来创建自己的 notebook。图 1-1 展示了 Colab 创建的一个 note-book 的截屏图。

Colab 之所以成为研究深度学习的一个绝佳途径，原因在于它包含 TensorFlow和 PyTorch 的预安装版本，所以除了键入 `import torch`，你不需要做任何设置，每个用户可以免费使用 NVIDIA T4 GPU，连续运行时长不超过 12 小时。这完全是免费的。考虑到这一点，实证研究并根据经验建议用 1080 Ti 一半的速度进行训练，不过要有额外的 5GB 内存，以便存储更大的模型。它还允许连接更新的 GPU 和 Google 的定制 TPU 硬件，但要付费，不过，这本书中的所有例子都完全可以免费用 Colab 完成。由于这个原因，建议你开始时使用Colab 学习这本书，以后再决定选择专用云实例，而且 / 或者需要时也可以组装自己的个人深度学习服务器。

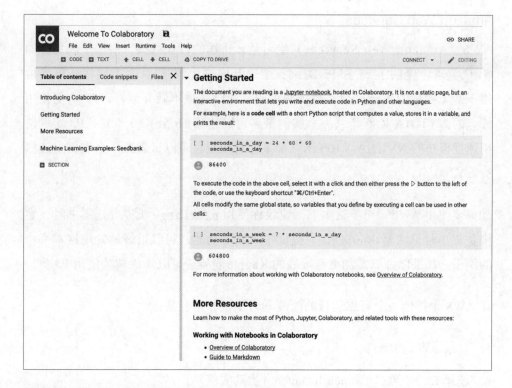

图 1-1：Google Colab (oratory)

Colab 是一种"零管理"（zero-effort）的方法，不过你可能希望能够对如何安装以及如何使用 Secure Shell（SSH）访问云实例有更多控制，下面就来看一些主要云提供商提供的产品。

云提供商

三大主要云提供商（Amazon Web Services, Google Cloud Platform 和 Microsoft Azure) 都提供了基于 GPU 的实例（也称为虚拟机或 VM），并提供了可以部署在这些实例上的官方映像，其中包含设置和运行实例所需的全部内容，无需你自己安装驱动程序和 Python 库。下面逐个简要介绍每位提供商提供的产品。

Amazon Web Services

AWS（Amazon Web Services）绝对是云市场的行业巨头，很乐于满足你的 GPU 需求，提供了 P2 和 P3 实例类型来帮你排忧解难（G3 实例往往更多地用于基于图形的实际应用，如视频编码，所以这里不做介绍）。P2 实例使用较老的 NVIDIA K80 卡（一个实例最多可以连接 16 个 K80 卡），P3 实例使用速度极快的 NVIDIA V100 卡（如果你有胆量，可以试着在一个实例上连接 8 个 V100 卡）。

如果要使用 AWS，对于这本书，建议你使用 p2.xlarge 类。写这本书时，定价是每小时只需要 90 美分，它提供了丰富的功能，可以很好地处理这本书中的例子。如果你打算参加更有挑战的 Kaggle 竞赛，可以考虑转为使用 P3 类。

在 AWS 上搭建一个可靠运行的深度学习主机非常容易：

1. 登录 AWS 控制台。

2. 选择 EC2，点击 Launch Instance（启动实例）。

3. 查找 Deep Learning AMI (Ubuntu) 选项，选择这个选项。

4. 选择 p2.xlarge 作为你的实例类型。

5. 启动实例，为此可以创建一个新的密钥对，也可以重用一个已有的密钥对。

6. 使用 SSH 并把你的本机端口 8888 重定向到这个实例来连接实例：

```
ssh -L localhost:8888:localhost:8888 \
-i your .pem filename ubuntu@your instance DNS
```

7. 输入 jupyter notebook 启动 **Jupyter Notebook**。复制生成的 URL，粘贴到你的浏览器来访问 Jupyter。

要记住，不使用时一定要关闭你的实例！为此，可以在 Web 界面中鼠标右键单击实例，并选择 Shutdown（关闭）选项。这会关闭实例，如此一来，实例没有运行时你就不用为实例付费。不过，即使关闭了实例，还是需要为所分配的存储空间付费，所以要了解这一点。如果要完全删除实例和存储，应当选择 Terminate（终止）选项。

Azure

与 AWS 类似，Azure 也提供了不同类型的实例，既有基于 K80 的比较廉价的实例，也有更昂贵的 Tesla V100 实例。Azure 还提供了基于较老的 P100 硬件的实例，作为介于这二者之间的一个中间点。同样地，对于这本书，我还是建议选择使用一个 K80 的实例类型（NC6），同样是每小时 90 美分，然后在需要时再转为其他 NC 类型，如 NCv2（P100）或 NCv3（V100）。

在 Azure 中构建 VM 的步骤如下：

1. 登录 Azure 门户，在 Azure Marketplace（Azure 市场）中找到 Data Science Virtual Machine（数据科学虚拟机）映像。

2. 点击 Get It Now（现在试用）按钮。

3. 填入 VM 的详细信息（指定名字，选择 SSD 而不是 HDD，提供 SSH 用户名 / 密码，指定这个实例的计费订阅，并设置提供这个 NC 实例类型的离你最近的位置）。

4. 点击 Create（创建）选项。实例会用约 5 分钟置备。

5. 可以提供为该实例公共域名服务（DNS）名指定的用户名 / 密码来使用 SSH。

6. 置备实例时，运行 Jupyter Notebook，导航到 *http://dns name of instance:8000* 并使用 SSH 所用的用户名 / 密码组合登录。

Google Cloud Platform

除了像 Amazon 和 Azure 一样提供基于 K80、P100 和 V100 的实例，Google Cloud Platform（GCP）还为那些有大量数据和计算需求的用户提供了前面提到的 TPU。对于这本书，你不需要 TPU，而且它们价格相当昂贵，不过 Py-

Torch 1.0 也可以使用 TPU，所以如果你有一个需要使用 TPU 的项目，不要以为要想充分利用 TPU 就必须使用 TensorFlow。

使用 Google Cloud 也非常容易：

1. 在 GCP Marketplace（GCP 市场）上搜索 Deep Learning VM（深度学习 VM）。

2. 点击 Launch on Compute Engine（启动计算引擎）。

3. 提供实例名，并分配到离你最近的区域。

4. 将机器类型设置为 8 vCPUs。

5. 将 GPU 设置为 1 K80。

6. 确保在 Framework（框架）部分选择了 PyTorch 1.0。

7. 选中"Install NVIDIA GPU automatically on first startup?"（首次启动时自动安装 NVIDIA GPU 吗？）复选框。

8. 将引导盘设置为 SSD Persistent Disk。

9. 点击 Deploy（部署）选项。VM 大约需要 5 分钟完全部署。

10. 要在实例上连接 Jupyter，需要确保在 `gcloud` 中登录正确的项目，并执行以下命令：

```
gcloud compute ssh _INSTANCE_NAME_ -- -L 8080:localhost:8080
```

Google Cloud 的收费约为每小时 70 美分，所以它是三大主要云提供商中最便宜的一个。

要使用哪个云提供商？

如果你没有任何倾向性，建议你选择 Google Cloud Platform（GCP），这是最便宜的，而且如果需要，还可以一直扩展到使用 TPU，与 AWS 或 Azure 产品相比，GCP 提供了更大的灵活性。不过，如果你已经有另外两个平台的某些资源，那么完全可以在那些环境中运行。

一旦你的云实例开始运行，就能登录它的 Jupyter Notebook 服务，下面来看如何使用 Jupyter Notebook。

使用 Jupyter Notebook

如果你以前没有见过 Jupyter Notebook，要知道它其实就是一个基于浏览器的环境，允许将动态代码与文本、图像和可视化混合在一起，这已经成为全世界数据科学家事实上的标准工具之一。Jupyter 中创建的 Notebook 很容易共享，实际上，你可以找到这本书中的所有 notebook（*https://oreil.ly/iBh4V*）。图 1-2 展示了正在运行的 Jupyter Notebook 的一个截屏图。

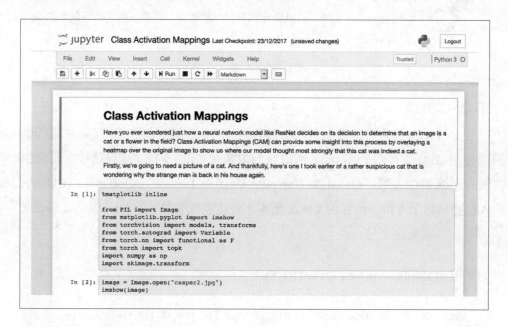

图 1-2：Jupyter Notebook

这本书中不会使用 Jupyter 的任何高级特性，你只需要知道如何创建一个新的 notebook，然后按下 Shift+ 回车来运行一个单元格的内容。不过，如果你以前从来没有用过 Jupyter，建议你在学习第 2 章之前先简单浏览一下 Jupyter 文档（*https://oreil.ly/-Yhff*）。

使用 PyTorch 之前，还有最后一个问题要说明：如何手动地完成所有安装。

从头安装 PyTorch

你可能想对你的软件多一些控制，而不只是使用前面提到的云提供的某个映像。也可能需要一个特定的 PyTorch 版本来执行你的代码。或者，尽管我做了种种告诫，你还是想要自己动手。下面来了解一般如何在一个 Linux 服务器上安装 PyTorch。

 你也可以在 Python 2.x 中使用 PyTorch，不过强烈建议不要这么做。尽管 Python 2.x 到 3.x 的升级传奇已经持续了超过 10 年，但越来越多的包开始放弃 Python 2.x 支持。所以除非你有充分的理由，否则还是应当确保你的系统运行 Python 3。

下载 CUDA

尽管 PyTorch 完全可以在 CPU 模式运行，不过大多数情况下，实际应用都要求使用 GPU 支持的 PyTorch，所以我们需要有 GPU 支持。这很简单：假设你有一个 NVIDIA 卡，可以由其 Compute Unified Device Architecture (CUDA) API 提供这个支持。为你的 Linux 版本下载适当的包格式（*https://oreil.ly/Gx_q2*），并安装这个包。

对于 Red Hat Enterprise Linux（RHEL）7：

```
sudo rpm -i cuda-repo-rhel7-10-0local-10.0.130-410.48-1.0-1.x86_64.rpm
sudo yum clean all
sudo yum install cuda
```

对于 Ubuntu 18.04：

```
sudo dpkg -i cuda-repo-ubuntu1804-10-0-local-10.0.130-410.48_1.0-1_amd64.deb
sudo apt-key add /var/cuda-repo-<version>/7fa2af80.pub
sudo apt-get update
sudo apt-get install cuda
```

Anaconda

Python 有多种打包系统，所有这些系统都各有优缺点。比如对于 PyTorch 开发人员，建议你安装 Anaconda，这个打包系统专门用于为数据科学家生成最佳的发布包。类似于 CUDA，Anaconda 的安装也很简单。

访问 Anaconda 网站（*https://oreil.ly/9hAxg*），为你的机器选择适当的安装文件。由于这是一个很庞大的归档文件，通过你的系统上一个 shell 脚本来执行，所以建议你先在下载的文件上运行 md5sum，对照签名列表（*https://oreil.ly/anuhu*）检查文件，然后再用 bash Anaconda3-VERSION-Linux-x86_64.sh 执行，以确保你机器上的签名与网页上的签名一致。这样可以确保所下载的文件未被篡改，意味着可以在你的系统上安全地运行。脚本会对安装的位置提供一些提示，除非有很好的理由，否则可以直接接受默认值。

你可能在想，"我能在我的 MacBook 上运行吗？"很遗憾，目前，大多数 Mac 都提供了 Intel 或 AMD GPU，它们并不支持在 GPU 加速模式下运行 PyTorch。我建议使用 Colab 或者某个云提供商，而不是尝试本地使用你的 Mac。

终于要安装 PyTorch（和 Jupyter Notebook）了！

既然已经安装了 Anaconda，安装 PyTorch 很简单：

```
conda install pytorch torchvision -c pytorch
```

这会安装 PyTorch 和 torchvision 库，接下来几章中我们将用这个库创建处理图像的深度学习架构。Anaconda 还为我们安装了 Jupyter Notebook，所以可以直接使用：

```
jupyter notebook
```

在浏览器中导航到 *http://YOUR-IP-ADDRESS:8888*，创建一个新的 notebook，然后输入以下代码：

```
import torch
print(torch.cuda.is_available())
print(torch.rand(2,2))
```

这会生成类似下面的输出：

```
True
 0.6040  0.6647
 0.9286  0.4210
[torch.FloatTensor of size 2x2]
```

如果 cuda.is_available() 返回 False，就需要调试你的 CUDA 安装，让 Py-
Torch 能看到你的显卡。在你的实例上，张量（tensor）值可能有所不同。

不过，张量是什么？张量是 PyTorch 中几乎一切的核心，所以你要知道张量
是什么，以及它们能为你做什么。

张量

张量是一个数字容器，同时也是定义张量转换来生成新张量的一组规则。对
我们来说，把张量想成是多维数组可能是最容易的。每个张量有一个秩或者
阶（rank），这对应它的维度空间。一个简单标量（如 1）可以表示为一个秩
为 0 的张量，向量秩为 1，一个 $n \times n$ 的矩阵秩为 2，依此类推。在前面的例
子中，我们使用 torch.rand() 用随机值创建了一个秩为 2 的张量。还可以由
列表来创建：

```
x = torch.tensor([[0,0,1],[1,1,1],[0,0,0]])
x
>tensor([[0, 0, 1],
    [1, 1, 1],
    [0, 0, 0]])
```

可以使用标准 Python 索引改变张量中的一个元素：

```
x[0][0] = 5
>tensor([[5, 0, 1],
```

```
     [1, 1, 1],
     [0, 0, 0]])
```

可以使用特殊的创建函数来生成特定类型的张量。具体地，`ones()` 和 `ze-roes()` 会分别生成填充 1 和 0 的张量：

```
torch.zeros(2,2)
> tensor([[0., 0.],
    [0., 0.]])
```

可以用张量完成标准数学运算（例如，将两个张量相加）：

```
tensor.ones(1,2) + tensor.ones(1,2)
> tensor([[2., 2.]])
```

如果有一个秩为 0 的张量，可以用 `item()` 取出值。

```
torch.rand(1).item()
> 0.34106671810150146
```

张量可以存在于 CPU 或 GPU 中，可以使用 `to()` 函数在设备间复制：

```
cpu_tensor = tensor.rand(2)
cpu_tensor.device
> device(type='cpu')

gpu_tensor = cpu_tensor.to("cuda")
gpu_tensor.device
> device(type='cuda', index=0)
```

张量操作

如果查看 PyTorch 文档（*https://oreil.ly/1Ev0-*），会看到大量可以在张量上应用的函数，从查找最大元素到应用傅立叶变换一应俱全。在这本书中，要把图像、文本和音频转换为张量并通过处理这些张量来完成操作，为此并不要求你了解所有这些函数，但是确实需要用到其中的一些函数。强烈建议你看一下这个文档，特别是在读完这本书之后。下面我们来介绍下一章会用到的所有函数。

首先，我们往往需要找出一个张量中的最大元素，以及包含这个最大值的索引（因为这通常对应神经网络在最后的预测中确定的类）。这些可以用 max() 和 argmax() 函数来得到。还可以使用 item() 从一个 1 维张量提取一个标准 Python 值。

```
torch.rand(2,2).max()
> tensor(0.4726)
torch.rand(2,2).max().item()
> 0.8649941086769104
```

有时，我们可能想改变一个张量的类型，例如，从一个 LongTensor 改为 FloatTensor。这可以用 to() 做到：

```
long_tensor = torch.tensor([[0,0,1],[1,1,1],[0,0,0]])
long_tensor.type()
> 'torch.LongTensor'
float_tensor = torch.tensor([[0,0,1],[1,1,1],[0,0,0]]).to(dtype=torch.float32)
float_tensor.type()
> 'torch.FloatTensor'
```

大多数处理张量并返回一个张量的函数都会创建一个新的张量来存储结果。不过，如果你想节省内存，可以查看是否定义了一个就地操作的（in-place）函数，它应该与原函数同名，不过末尾会追加一个下划线（_）。

```
random_tensor = torch.rand(2,2)
random_tensor.log2()
>tensor([[-1.9001, -1.5013],
        [-1.8836, -0.5320]])
random_tensor.log2_()
> tensor([[-1.9001, -1.5013],
        [-1.8836, -0.5320]])
```

另一个常见的操作是张量变形（reshaping）。通常，由于神经网络层需要的输入形状与你目前提供的输入形状稍有不同，可能就会出现张量变形。例如，手写数字 MNIST 数据集是一个 28×28 的图像集合，不过却打包为长度为 784 的数组。为了使用我们构造的网络，需要把它们再转换回 $1 \times 28 \times 28$ 的张量（前面的 1 是通道数，通常是红、绿、蓝 3 个通道，但由于 MNIST 数字都是灰度图像，所以只有 1 个通道）。可以用 view() 或者 reshape() 来完成变形：

```
flat_tensor = torch.rand(784)
viewed_tensor = flat_tensor.view(1,28,28)
viewed_tensor.shape
> torch.Size([1, 28, 28])
reshaped_tensor = flat_tensor.reshape(1,28,28)
reshaped_tensor.shape
> torch.Size([1, 28, 28])
```

注意，变形后张量总的元素个数必须与原张量元素个数相同。如果尝试 flat_tensor.reshape(3,28,28)，会看到类似这样的错误：

```
RuntimeError Traceback (most recent call last)
<ipython-input-26-774c70ba5c08> in <module>()
----> 1 flat_tensor.reshape(3,28,28)

RuntimeError: shape '[3, 28, 28]' is invalid for input of size 784
```

现在你可能想知道 view() 和 reshape() 有什么区别。答案是，view() 会处理为原张量的一个视图，所以，如果底层数据发生改变，视图也会改变（反之亦然）。不过如果所需的视图不是连续的，view() 会抛出错误。也就是说，如果从头开始创建所需形状的一个新张量，不会共享占用的同一个内存块。如果发生这种情况，使用 view() 之前必须调用 tensor.contiguous()。不过，reshape() 会在后台完成所有这些工作，所以，一般来讲，我都建议使用 reshape() 而不是 view()。

最后，你可能需要重排一个张量的维度。可能对图像会有这个需求，图像通常存储为 [height, width, channel] 张量，不过 PyTorch 更喜欢按 [channel, height, width] 来处理。可以使用 permute() 用一种相当简单的方式来完成重排：

```
hwc_tensor = torch.rand(640, 480, 3)
chw_tensor = hwc_tensor.permute(2,0,1)
```

```
chw_tensor.shape
> torch.Size([3, 640, 480])
```

在这里，我们只是对一个 [640,480,3] 张量应用 permute，参数为张量维度的
索引，这表示我们希望最后一个维度（2，因为它的索引为0）在张量最前面，
然后是其余的两个维度，保持原来的顺序。

张量广播

广播（broadcasting）是从 NumPy 借鉴来的，允许在一个张量和一个较小张
量之间完成操作。如果反向从其后缘维度（trailing dimensions，即末尾的维度）
开始，若满足以下条件，就可以在这两个张量上广播：

• 两个维度大小相等。

• 其中一个维度大小为1。

我们之所以可以使用广播，原因是对于大小为1的维度，由于不是其他维度
大小，所以可以扩展这个大小为1的维度覆盖另一个张量，即与另一个张量
的相应维度一致。如果试图将一个 [2,2] 张量增加为一个 [3,3] 张量，会得
到这样一个错误消息：

```
The size of tensor a (2) must match the size of
tensor b (3) at non-singleton dimension 1
```

但是将一个 [1,3] 张量与 [3,3] 张量相加是没问题的。广播是一个很方便的
小特性，可以让代码更为简洁，而且通常比自己手动地扩展张量更快捷。

以上就是作为入门需要了解的有关张量的全部内容！在这本书后面，我们还
会看到另外一些操作并详细介绍，不过对于学习第 2 章这已经足够了。

小结

不论使用云还是你的本地机器，现在都应当已经安装了 PyTorch。我已经介绍
了这个库的基本单位：张量。另外你也简单地了解了 Jupyter Notebook。这就

是开始学习 PyTorch 所需的全部知识！下一章中，你会使用到目前为止见过的所有内容来建立神经网络并对图像分类，所以在继续学习下一章之前，一定要熟悉张量和 Jupyter。

延伸阅读

- Jupyter 项目文档（*https://jupyter.org/documentation*）。

- PyTorch 文档（*https://pytorch.org/docs/stable*）。

- AWS 深度学习 AMI（*https://oreil.ly/G9Ldx*）。

- Azure 数据科学虚拟机（*https://oreil.ly/YjzVB*）。

- Google 深度学习 VM 映像（*https://oreil.ly/NFpeG*）。

第 2 章

用 PyTorch 进行图像分类

安装了 PyTorch 之后，深度学习教程通常都会抛出一大堆术语，而不是先做一些有意思的事情。我想把这控制在最低限度，将通过一个示例介绍有关的概念，当你能更熟练地使用 PyTorch 时，可以很容易地扩展这个例子。我们会在整本书中使用这个例子来展示如何调试一个模型（见第 7 章）或如何将它部署到生产环境（见第 8 章）中。

从现在开始，直到第 4 章结束，我们将要构造一个图像分类器（image classifier）。神经网络通常都作为图像分类器，为网络提供一个图像，问它一个很简单的问题："这是什么？"

下面先来构建我们的 PyTorch 应用。

我们的分类问题

这里我们要构建一个简单的分类器，可以指出鱼和猫的区别。我们会迭代完成设计和构建模型的过程，让它越来越准确。

图 2-1 和图 2-2 很完美地展示了一条鱼和一只猫。我不确定这条鱼有没有名字，不过这只猫名叫 Helvetica。

下面先来讨论分类时遇到的传统挑战。

图 2-1：一条鱼！

图 2-2：箱子里的 Helvetica

传统挑战

如何写一个能区分鱼和猫的程序？可能你会写一组规则，描述猫有一个尾巴，或者鱼有鳞，并对一个图像应用这些规则，来确定你看到的是什么。不过，这需要时间、精力和技巧。另外，如果你看到的是一个曼岛无尾猫，会怎么样呢？尽管这显然是一只猫，但它没有尾巴。

可以看到，要描述所有可能的情况，这些规则会变得越来越复杂。另外，必须承认，我不擅长图形编程，所以一想到要手动编写所有这些规则的代码，就让我心生恐惧。

我们想要的是这样一个函数：给定一个图像输入，它能返回这是猫或者鱼。我们很难通过罗列所有条件来构造这个函数。不过，深度学习实际上会让计算机完成所有艰巨的工作，由它构建我们谈到的所有这些规则，前提是我们要创建一个结构（网络），为这个网络提供大量数据，并给出一个方法使它能确定是否得到了正确的答案。这正是我们要做的。在这个过程中，你会学习使用 PyTorch 的一些重要概念。

首先需要数据

首先，我们需要数据。多少数据呢？这要看情况。有些人认为，要想有效地使用深度学习技术，需要超大量的数据来训练神经网络，这种想法并不一定正确，在第 4 章你就会了解这一点。不过，现在我们要从头开始训练，这往往需要访问大量的数据。我们需要很多很多鱼和猫的图像。

现在，我们可以花一些时间从诸如 Google image search（Google 图像搜索）等搜索引擎下载很多图像，不过这里有一个捷径：已经有一个用来训练神经网络的标准图像集，名为 *ImageNet*。其中包含超过 1400 万个图像，有 20000 个图像类别。这是所有图像分类器自我评价依据的一个标准。所以我会从这个数据集得到图像，不过如果你愿意，完全可以自己下载其他图像。

除了数据，PyTorch 还需要一种方法来确定什么是猫，什么是鱼。这对我们来说很容易，但对计算机就有些困难了（正是这个原因，我们要首先建立程序！）。我们会使用附加到数据的一个标签（label），这种方式的训练称为有监督学习（supervised learning）（毫不奇怪，如果无法访问任何标签，就必须使用无监督学习（unsupervised learning）方法来进行训练）。

如果使用 ImageNet 数据，它的标签并不是太有用，因为对我们来说，其中包含了过多的信息。比如对计算机来说，标签 tabby cat（虎斑猫）或 trout（鳟鱼）只是要区分猫或鱼。我们需要对这些图像重新定义标签。由于 ImageNet 是如此庞大的一个图像集，我为鱼和猫建立了一个图像 URL 和标签列表（*https://oreil.ly/NbtEU*）。

可以运行这个目录中的 *download.py* 脚本，它会从这些 URL 下载图像，并把它们放在适当的位置来进行训练。

重定义标签（relabeling）很简单。这个脚本把猫的图像存储在目录 *train/cat* 中，另外把鱼的图像存储在 *train/fish* 中。如果你不想使用这个脚本下载图像，可以直接创建这些目录，把适当的图像放在正确的位置上。现在我们已经有了数据，但是还需要把它转换为 PyTorch 能理解的一种格式。

PyTorch 和数据加载器

要加载数据并转换为可以进行训练的格式，这常常是数据科学中占用我们相当多时间的领域之一。PyTorch 开发了与数据交互的标准约定，所以能一致地处理数据，而不论处理图像、文本，还是音频。

与数据交互的两个主要约定是数据集（dataset）和数据加载器（data loaders）。数据集是一个 Python 类，使我们能获得提供给神经网络的数据。数据加载器则从数据集向网络提供数据（这可能包含很多信息，比如有多少个工作进程向网络提供数据？或者一次传入多少个图像）。

下面先来看数据集。每个数据集，不论是包含图像、音频、文本、3D 景观、

股市信息或者任何其他数据，只要满足这个抽象 Python 类，就能与 PyTorch
交互：

```
class Dataset(object):
    def __getitem__(self, index):
        raise NotImplementedError

    def __len__(self):
        raise NotImplementedError
```

这很简单：我们要实现一个方法返回数据集的大小 (len)，另外要实现一个方
法从数据集获取一个元素，作为一个 (*label, tensor*) 对返回。数据加载器
向神经网络提供数据进行训练时会调用这个方法。所以我们可以写出 getitem
的方法体，接受一个图像，将它转换为一个张量，再返回这个张量和标签，
以便 PyTorch 进行处理。这么做是可以的，不过可以想象，这种情况经常出现，
也许 PyTorch 能让我们更轻松地完成这些工作。

建立一个训练数据集

torchvision 包中有一个名为 ImageFolder 的类，它能很好地为我们完成一切，
只要我们的图像在一个适当的目录结构中，其中每个目录分别是一个标签（例
如，所有猫都在一个名为 *cat* 的目录中）。对于我们的猫和鱼例子，只需要以
下代码：

```
import torchvision
from torchvision import transforms

train_data_path = "./train/"

transforms = transforms.Compose([
    transforms.Resize(64),
    transforms.ToTensor(),
    transforms.Normalize(mean=[0.485, 0.456, 0.406],
                std=[0.229, 0.224, 0.225] )
    ])

train_data = torchvision.datasets.ImageFolder
(root=train_data_path,transform=transforms)
```

这里还做了一些事情，因为 torchvision 还允许指定一个转换列表，将图像输入到神经网络之前可以应用这些转换。默认转换是将图像数据转换为一个张量（前面代码中的 transforms.ToTensor() 方法），另外还可以做一些可能看起来不太明显的工作。

首先，GPU 非常擅长完成标准大小的计算。不过，我们可能有各式各样的图像，往往有多种不同的分辨率。为了提高处理性能，我们通过 Resize(64) 转换把得到的每个图像缩放为相同的分辨率 64×64。然后将图像转换为一个张量，最后根据一组特定的均值和标准差对张量归一化。

归一化很重要，因为输入通过神经网络层时会完成大量乘法；保证到来的值在 0~1 之间可以防止训练阶段中值变得过大 [这称为梯度爆炸（exploding gradient）问题]。这里使用的神奇参数是整个 ImageNet 数据集的均值和标准差。可以专门计算这个鱼和猫子集的均值和标准差，不过 ImageNet 数据集的这些值已经足够了（如果你要处理一个完全不同的数据集，就必须计算均值和标准差，不过很多人都只是直接使用这些 ImageNet 常量，这样报告的结果也是可接受的）。

利用这些可组合的转换，我们可以很容易地完成图像旋转和倾斜等操作来实现数据增强，这个内容将在第 4 章再做介绍。

 在这个例子中，我们把图像大小调整为 64 × 64。这是我随意做的选择，目的是让接下来第一个网络能很快地计算。第 3 章中将看到大多数现有架构都使用 224 × 224 或 299 × 299 的图像输入。一般来讲，输入尺寸越大，网络学习的数据就越多。但通常 GPU 内存中只能容纳很小批量的图像。

数据集并不只有这些，我们还没有介绍完。不过为什么不只需要一个训练数据集？

建立验证和测试数据集

我们的训练数据已经建立，不过还需要对验证（validation）数据重复同样的步骤。这里有什么区别呢？深度学习（实际上以及所有机器学习）面临的一个危险是过拟合（overfitting）概念：你的模型确实能很好地识别所训练的数据，不过不能泛化到它没有见过的例子。它看到一个猫的图像后，除非所有其他猫图像都与这个图像非常相似，否则模型不会认为那是猫，尽管它们是猫。为了防止我们的网络出现这个问题，我们在 *download.py* 中下载了一个验证集（validation set），这是未出现在训练集中的一系列猫和鱼图像。在每个训练周期（也称为 *epoch*）的最后，我们会与这个验证集比较，来确保我们的网络没有做错。不过，不要担心，这部分代码相当简单，因为它就是前面的代码，只不过要改几个变量名：

```
val_data_path = "./val/"
val_data = torchvision.datasets.ImageFolder(root=val_data_path,
                                            transform=transforms)
```

我们重用了 `transforms` 链，而没有重新定义。

除了一个验证集，我们还要创建一个测试集（test set）。这个数据集要在所有训练完成之后用来测试模型：

```
test_data_path = "./test/"
test_data = torchvision.datasets.ImageFolder(root=test_data_path,
                                             transform=transforms)
```

区分不同类型的数据集可能让人有些糊涂，所以我做了一个表来说明哪个数据集用于模型训练的哪一部分见表 2-1。

表 2-1：数据集类型

训练集	在训练过程中用来更新模型
验证集	用来评价模型在这个问题领域的泛化能力，而不是与训练数据的拟合程度；不用来直接更新模型
Test set	最后一个数据集，训练完成后对模型的性能提供最后的评价

然后再用几行 Python 代码就可以建立我们的数据加载器：

```
batch_size=64
train_data_loader = data.DataLoader(train_data, batch_size=batch_size)
val_data_loader  = data.DataLoader(val_data, batch_size=batch_size)
test_data_loader  = data.DataLoader(test_data, batch_size=batch_size)
```

这个代码中需要说明的新内容是 batch_size。这会告诉我们，在训练和更新网络之前将为这个网络提供多少图像。理论上讲，可以把 batch_size 设置为测试和训练集中的图像数，使网络在更新之前会看到每一个图像。但在实际中，我们不会这么做，因为与存储数据集中每一个图像的所有相关信息相比，较小批量 [在文献中常称为小批量（mini-batches）] 需要的内存更少，而且更小的批量也会使训练速度更快，以便我们可以更快地更新网络。

PyTorch 的数据加载器将 batch_size 默认设置为 1。你几乎肯定要改变这个设置。尽管这里我选择了 64，不过你可能还想试试看可以使用多大的小批量而不会耗尽 GPU 的内存。另外可能还想对一些参数做些试验：可以指定数据集如何采样，每次运行时是否将整个数据集打乱，另外从数据集取数据需要使用多少个工作进程。这些内容在 PyTorch 文档（*https://oreil.ly/XORs1*）中都能找到。

以上介绍了为 PyTorch 提供数据，下面要介绍一个简单的神经网络，具体对我们的图像进行分类。

终于要建立一个神经网络了

下面我们开始建立最简单的深度学习网络：一个输入层，它要处理输入张量（我们的图像）；另一个输出层，其大小为输出类的个数（2）；介于这二者之间的一个隐藏层。在我们的第一个例子中，我们将使用全连接层。图 2-3 展示了这样一个神经网络，它有一个包含 3 个节点的输入层，一个包含 3 个节点的隐藏层和一个包含 2 个节点的输出层。

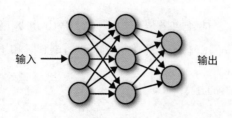

输入 → ... → 输出

图 2-3：一个简单的神经网络

可以看到，在这个全连接例子中，一层中的每一个节点都会影响下一层中的各个节点，而且每个连接有一个权重（weight），它确定了信号从这个节点进入下一层的强度（训练网络时就是要更新这些权重，通常会从随机初始化开始）。一个输入传入网络时，我们（或 PyTorch）可以简单地对权重与这一层对输入的偏置（biases）完成一个矩阵乘法。在提供给下一个函数之前，这个结果会进入一个激活函数（activation function），这是为系统加入非线性的一种方法。

激活函数

激活函数听上去很复杂，不过目前你在文献中看到的大多数激活函数都是 ReLU 或修正线性单元（rectified linear unit）。这听起来也很复杂！实际上，这就是一个实现 $max(0,x)$ 的函数，所以如果输入为负数，结果为 0；或者如果 x 为正，那么结果就是输入 (x)。很简单！

你可能会遇到的另一个激活函数是 $softmax$，这在数学上要稍微复杂一些。实际上，它会生成介于 0~1 之间的一个值集，这些值总和为 1（概率），会为值加权重来放大差异，也就是说，生成的向量中一个结果要远高于其他结果。通常会看到在分类网络的最后使用这个激活函数，从而确保网络做出明确的预测，能指出它认为输入应当属于哪一类。

有了以上的所有构建模块，下面可以开始建立我们的第一个神经网络了。

创建一个网络

在 PyTorch 中创建一个神经网络是一个很有"Python 风格"的事情。我们要继承一个名为 torch.nn.Network 的类，填写 __init__ 和 forward 方法：

```
class SimpleNet(nn.Module):

def __init__(self):
    super(Net, self).__init__()
    self.fc1 = nn.Linear(12288, 84)
    self.fc2 = nn.Linear(84, 50)
    self.fc3 = nn.Linear(50,2)

def forward(self):
    x = x.view(-1, 12288)
    x = F.relu(self.fc1(x))
    x = F.relu(self.fc2(x))
    x = F.softmax(self.fc3(x))
    return x

simplenet = SimpleNet()
```

同样地，这也不太复杂。我们要在 init() 中完成所需的设置，在这里就是要调用超类构造函数和 3 个全连接层（在 PyTorch 中名为 Linear，这与 Keras 不同，Keras 中的层称为 Dense）。forward() 方法描述了数据在训练和预测（推导）时如何流过网络。首先，要记住，必须将图像中的 3 维张量（x 和 y，以及 3 通道颜色信息——红、绿、蓝）转换为一个 1 维张量，从而能输入到第一个 Linear 层，我们用 view() 来完成这个工作。在此之后，可以看到会按顺序应用这些层和激活函数，最后返回 softmax 输出提供我们对这个图像的预测。

隐藏层中的节点数有些随意，不过最后的输出层节点数为 2，这与我们的两个分类（猫或者鱼）对应。一般来讲，你会希望层中的数据向下传递时进行压缩（compressed）。比如，如果一个层有 50 个输入对 100 个输出，那么网络在学习时，只需要把 50 个连接传递到 100 个输出中的 50 个，就认为它的工作完成了。根据输入减少输出的大小，就能要求这部分网络用更少的资源学习原始输入的一个表示，这往往意味着它会提取图像中对于我们要解决的问题很重要的一些特征，例如，学习识别鳍或尾巴。

我们得到了一个预测，可以将它与原始图像的实际标签进行比较，查看预测是否正确。不过还需要某种方法使 PyTorch 能量化预测的准确度，不只是确定预测是否正确，而是要明确正确程度如何。这可以利用一个损失函数来处理。

损失函数

损失函数（loss function）是有效深度学习解决方案中的关键环节之一。PyTorch 使用损失函数来确定如何更新网络从而达到期望的结果。

根据你的需要，损失函数可以很复杂，也可以很简单。PyTorch 提供了一个完备的损失函数集合，涵盖了你可能遇到的大多数应用，当然如果你有一个很特别的领域，也可以写你自己的损失函数。对我们来说，下面要使用名为 CrossEntropyLoss 的内置的一个损失函数，这是多类分类任务（比如我们现在要完成的任务）推荐使用的损失函数。可能遇到的另一个损失函数是 MSELoss，这是一个标准均方损失，做数值预测时可能会用到。

对于 CrossEntropyLoss 要注意一点，它的操作中还结合了 softmax()，所以我们的 forward() 方法变为如下所示：

```
def forward(self):
    # Convert to 1D vector
    x = x.view(-1, 12288)
    x = F.relu(self.fc1(x))
    x = F.relu(self.fc2(x))
    x = self.fc3(x)
    return x
```

现在来看训练循环中如何更新一个神经网络的层。

优化

训练一个网络包括将数据传入网络，使用损失函数确定预测与实际标签的差别，然后用这个信息更新网络的权重，希望损失函数返回的损失尽可能小。为了在神经网络上完成更新，我们要使用一个优化器（optimizer）。

如果只有一个权重,可以画出损失值与权重值的关系图,可能如图 2-4 所示。

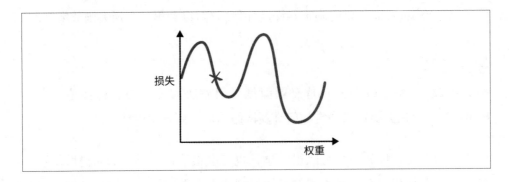

图 2-4:二维损失图

如果从一个随机位置开始,在图 2-4 中用 X 表示,x 轴上为权重值,y 轴上为损失函数,我们希望得到这个曲线上最低的点,来找出我们的最优方案。可以通过修改权重值在曲线上移动,得到一个新的损失函数值。为了了解我们的移动结果,可以对照曲线的梯度来检查。优化器的一种常用可视化方法就像滚弹珠,试图在一系列山谷中找到最低点 [或极小值(minima)]。如果把我们的视图扩展为 2 个参数,创建一个三维图(见图 2-5),可能会更清楚一些。

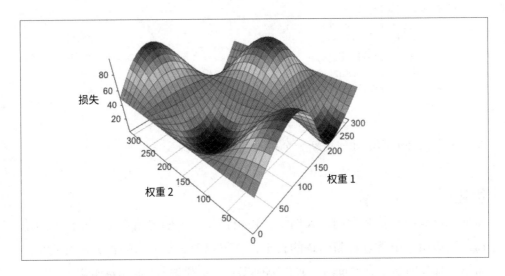

图 2-5:三维损失图

在这里，我们可以在每个点上检查所有可能移动的梯度，选择最向下的一个移动。不过，要注意两个问题。首先是可能有陷入局部极小值（local minima）的危险，如果检查梯度，这个区域看起来好像是损失曲线中最低的部分，但实际上别的地方还有更低的区域。如果回看图 2-4 中的二维曲线，可以看到，如果我们"小步"移动，最后会落到左边的极小值上，而没有任何理由离开这个位置。如果我们"大步"跳跃，可能最后会走上正途，找到真正的最低点，但是因为跳跃的幅度太大，可能会到处跳来跳去。

这种跳步的幅度称为学习率（learning rate），为了让你的网络正确而高效地学习，通常需要调整关键参数。你会在第 4 章看到确定一个好的学习率的方法，不过，对现在来说，可以试验多个值：比如可以先从 0.001 开始。前面已经提到，大的学习率会导致网络在训练过程中到处跳来跳去，可能无法收敛到一个适当的权重集。

针对局部极小值问题，我们对前面的做法稍做修改，不再取所有可能的梯度，而会考虑一个批次中的样本随机梯度。这称为随机梯度下降（stochastic gradient descent，SGD）。这是优化神经网络和其他机器学习技术的传统方法。不过还有另外一些优化器，实际上，对于深度学习，那些优化器更合适。PyTorch 提供了 SGD 和其他一些优化器（如 AdaGrad 和 RMSProp），还提供了 Adam，这本书主要使用这个优化器。

Adam（以及 RMSProp 和 AdaGrad）所做的重要改进之一是对每个参数使用了一个学习率，并根据这些参数的变化率来调整学习率。它会维护一个指数衰减的梯度列表和这些梯度的平方，并用它们来调整 Adam 使用的全局学习率。根据经验，对于深度学习网络，Adam 远胜于大多数其他优化器，不过你也可以把 Adam 换为 SGD 或 RMSProp 或者另外的优化器，来看看对于你的特定应用，使用一个不同的技术是否能完成更快更好的训练。

创建一个基于 Adam 的优化器很简单。可以调用 optim.Adam() 并传入将要更新的网络权重（通过 simplenet.parameters() 得到），我们的示例学习率是 0.001：

```
import torch.optim as optim
optimizer = optim.Adam(simplenet.parameters(), lr=0.001)
```

优化器是最后一个难题,解决了这个问题后,终于可以开始训练我们的网络了。

训练

下面是完整的训练循环,这里结合了目前为止看到的训练网络的所有内容。
我们要把它写为一个函数,使得损失函数和优化器等部分可以作为参数传递。
这里看起来很通用:

```
for epoch in range(epochs):
    for batch in train_loader:
        optimizer.zero_grad()
        input, target = batch
        output = model(input)
        loss = loss_fn(output, target)
        loss.backward()
        optimizer.step()
```

这很简单,不过要注意几个问题。我们在循环的每个迭代中从训练集取得
一个批次,这由数据加载器处理。然后通过我们的模型运行这些输入数
据,并计算相对于期望输出的损失。为了计算梯度,我们在模型上调用了
backward() 方法。然后 optimizer.step() 方法使用这些梯度完成我们在上一
节讨论的权重调整。

不过,zero_grad() 调用做什么呢?实际上,默认地所计算的梯度会累加,这
意味着,如果在这个批次的迭代结束时没有将梯度置 0,下一个批次就必须处
理这个批次的梯度以及它本身的梯度,而之后的批次就要处理之前这两个批
次的梯度,依此类推。这没有帮助,因为我们只想看当前批次的梯度,来了
解每个迭代中的优化。使用 zero_grad() 就是为了确保循环完成后将梯度重
置为 0。

这是这个训练循环的抽象版本,不过在写完整的函数之前,还有几个问题要
说明。

要求使用 GPU

如果运行目前为止看到的任何代码，你可能会注意到，运行速度并不快。我们的云实例上加了 GPU（或者我们组装的极其昂贵的桌面计算机配置了 GPU），那些酷炫的 GPU 怎么没有发挥作用呢？默认地，PyTorch 会完成基于 CPU 的计算。如果要充分利用 GPU，需要显式地使用 to() 方法，把我们的输入张量和模型本身移到 GPU。下面的例子会把 SimpleNet 复制到 GPU：

```
if torch.cuda.is_available():
        device = torch.device("cuda")
else
    device = torch.device("cpu")

model.to(device)
```

在这里，如果 PyTorch 报告有一个可用的 GPU，我们就把模型复制到这个 GPU，否则模型仍保留在 CPU 上。通过使用这个构造，可以在代码一开始确定是否有一个 GPU，然后在其余的程序中使用 tensor|model.to(device)，并且相信模型在正确的位置上。

 在之前的 PyTorch 版本中，要使用 cuda() 方法将数据复制到 GPU。如果查看别人的代码时看到这个方法，要知道它的工作与 to() 是一样的！

以上就是训练所需的全部步骤。我们基本上就要大功告成了！

综合

这一章中你已经见过很多不同的代码，下面来合并这些代码。把它们综合起来创建一个通用的训练方法，它接受一个模型及训练和验证数据，还有学习率和批量大小选项，在这个模型上完成训练。这本书后面我们还会使用这个代码：

```
def train(model, optimizer, loss_fn, train_loader, val_loader,
epochs=20, device= "cpu"):
    for epoch in range(epochs):
        training_loss = 0.0
        valid_loss = 0.0
        model.train()
        for batch in train_loader:
            optimizer.zero_grad()
            inputs, target = batch
            inputs = inputs.to(device)
            target = targets.to(device)
            output = model(inputs)
            loss = loss_fn(output, target)
            loss.backward()
            optimizer.step()
            training_loss += loss.data.item()
        training_loss /= len(train_iterator)

        model.eval()
        num_correct = 0
        num_examples = 0
        for batch in val_loader:
            inputs, targets = batch
            inputs = inputs.to(device)
            output = model(inputs)
            targets = targets.to(device)
            loss = loss_fn(output,targets)
            valid_loss += loss.data.item()
            correct = torch.eq(torch.max(F.softmax(output), dim=1)[1],
                                            target).view(-1)
            num_correct += torch.sum(correct).item()
            num_examples += correct.shape[0]
        valid_loss /= len(valid_iterator)

        print('Epoch: {}, Training Loss: {:.2f},
        Validation Loss: {:.2f},
        accuracy = {:.2f}'.format(epoch, training_loss,
        valid_loss, num_correct / num_examples))
```

这就是我们的训练函数，可以提供必要的参数开始训练：

```
train(simplenet, optimizer, torch.nn.CrossEntropyLoss(),
    train_data_loader, test_data_loader,device)
```

这个网络会训练 20 个 epoch（可以为 epoch 或 `train()` 传入一个值来调整这个数），每个 epoch 的最后会得到模型在验证集上的准确度输出。

你已经训练了你的第一个神经网络，祝贺你！现在可以用它做出预测，下面来看怎么做。

预测

在这一章最前面，我说过要建立一个神经网络，它能对一个图像分类，区分它是猫还是鱼。现在我们已经训练了一个神经网络来完成这个分类，但是怎么用它为一个图像生成预测呢？下面给出一个简短的 Python 代码，它会从文件系统加载一个图像，打印出这个网络的预测结果，指出它是 *cat* 还是 *fish*：

```python
from PIL import Image

labels = ['cat','fish']

img = Image.open(FILENAME)
img = transforms(img)
img = img.unsqueeze(0)

prediction = simplenet(img)
prediction = prediction.argmax()
print(labels[prediction])
```

大部分代码都很简单，我们重用了前面的转换流水线，将图像转换为适用于这个神经网络的正确形式。不过，由于我们的网络使用了批次，实际上它希望得到一个 4 维张量，第一个维度指示一个批次中的不同图像。我们没有批次，不过可以使用 unsqueeze(0) 创建长度为 1 的一个批次，这会在张量最前面增加一个新维度。

得到预测结果很简单，只需要把我们的批次（batch）传入模型。然后要找出有较大概率的类。在这里，可以简单地将张量转换为一个数组，并比较这两个元素，不过通常会有更多元素。PyTorch 提供了 `argmax()` 函数，这很有用，它会返回张量中最大值的索引。然后使用这个索引访问我们的标签数组，打印出预测结果。作为练习，对于这一章开始时创建的测试集，可以使用前面的代码作为基础来得到对这个测试集的预测结果。你不需要使用 unsqueeze()，因为会从 test_data_loader 得到批次。

对现在来说，这就是关于预测所要了解的全部内容，我们将在第 8 章再来讨论这个问题，到时会加大难度，考虑生产环境中的使用。

除了做预测，我们可能还希望能够在将来任何时候提供已训练的参数重新加载模型，下面来看如何用 PyTorch 做到这一点。

模型保存

如果你对一个模型的性能很满意，或者由于某个原因需要停止训练，可以使用 torch.save() 方法采用 Python 的 *pickle* 格式保存模型的当前状态。反过来，也可以使用 torch.load() 方法加载之前保存的一个模型迭代。

所以，保存当前参数和模型结构可能如下所示：

```
torch.save(simplenet, "/tmp/simplenet")
```

可以如下重新加载模型：

```
simplenet = torch.load("/tmp/simplenet")
```

这会把参数以及模型的结构都保存到一个文件中。如果你在以后某个时间改变了模型的结构，可能就会有问题。由于这个原因，更常见的做法是保存模型的 state_dict。这是一个标准 Python dict，其中包含模型中每一层参数的映射。可以如下保存 state_dict：

```
torch.save(model.state_dict(), PATH)
```

恢复时，首先创建模型的一个实例，再使用 load_state_dict。对于 SimpleNet，可以如下恢复：

```
simplenet = SimpleNet()
simplenet_state_dict = torch.load("/tmp/simplenet")
simplenet.load_state_dict(simplenet_state_dict)
```

这样的好处是，如果以某种方式扩展了模型，可以向 load_state_dict 提供一个 strict=False 参数，为 state_dict 中确实有的模型层指定相应参数，而如果所加载的 state_dict 与模型当前结构相比缺少或增加了某些层，也不会失败。因为这只是一个普通的 Python dict，可以改变键名来适应你的模型，如果要从一个完全不同的模型抽取参数，这会很方便。

可以在训练运行期间将模型保存到磁盘，并在以后某个时间重新加载，使训练从你中断的地方继续运行。使用类似 Google Colab 的环境时这就很有用，因为 Colab 只允许连续访问 GPU 不超过 12 个小时。通过跟踪时间，你可以在中断前保存模型，然后在一个新的 12 小时会话中继续训练。

小结

我们已经快速了解了神经网络的基础知识，并学习了利用 PyTorch 如何用一个数据集训练神经网络，如何对其他图像做出预测，以及如何将模型保存到磁盘或者从磁盘恢复模型。

在读下一章之前，可以用这里创建的 SimpleNet 架构做些实验。调整 Linear 层中的参数个数，还可以增加另外一层或者两层。查看 PyTorch 中可用的各个激活函数，可以把 ReLU 换为其他激活函数。看看如果调整学习率或者把优化器由 Adam 换成其他优化器（可以尝试 vanilla SGD）会对训练有什么影响。还可以修改批量大小（或批尺度）和前向传播开始时转换为 1 维张量的初始图像大小。很多深度学习工作还处于手动构建阶段，要手动地调整学习率，直到网络得到适当的训练，所以最好掌握所有这些部分是如何交互的。

你可能对 SimpleNet 架构的准确度有些失望，不过不用担心！第 3 章会做一些明确的改进，我们会介绍卷积神经网络，来取代目前使用的这个非常简单的网络。

延伸阅读

- PyTorch 文档（*https://oreil.ly/x6pO7*）。

- Diederik P. Kingma 和 Jimmy Ba："Adam: A Method for Stochastic Optimization"（2014）（*https://arxiv.org/abs/1412.6980*）。

- Sebstian Ruder："An Overview of Gradient Descent Optimization Algorithms"（2016）（*https://arxiv.org/abs/1609.04747*）。

第 3 章

卷积神经网络

对第 2 章中的全连接神经网络做完试验后，你可能会注意到几个问题。如果想增加更多层，或者想要大幅增加参数个数，肯定会耗尽 GPU 的内存。另外，需要花相当长时间训练才能达到比较准确的程度，而这也没什么可吹嘘的，尤其是考虑到围绕深度学习铺天盖地的炒作，这确实不值得夸耀。这是怎么回事？

全连接或前馈（feed-forward）网络可以作为一个通用近似器，这一点没错，但是这个通用近似理论没有指出需要花多长时间才能把网络训练为近似你真正想要的函数。不过，我们可以做得更好，特别是对于图像。这一章中，你将学习卷积神经网络（convolutional neural networks，CNN），并了解它们如何成为当今最准确的图像分类器的支柱（这里会详细介绍其中两个图像分类器）。这一章将为我们的鱼和猫应用建立一个基于卷积的新架构，可以看到，与上一章的应用相比，这个架构训练速度更快，而且也更准确。

下面就开始吧！

我们的第一个卷积模型

这一次，我要先给出最后的模型架构，然后再讨论所有新内容。正如第 2 章中提到的，我们创建的训练方法独立于模型，所以你完全可以先测试这个模型，然后再回来看解释！

```python
class CNNNet(nn.Module):

    def __init__(self, num_classes=2):
        super(CNNNet, self).__init__()
        self.features = nn.Sequential(
            nn.Conv2d(3, 64, kernel_size=11, stride=4, padding=2),
            nn.ReLU(),
            nn.MaxPool2d(kernel_size=3, stride=2),
            nn.Conv2d(64, 192, kernel_size=5, padding=2),
            nn.ReLU(),
            nn.MaxPool2d(kernel_size=3, stride=2),
            nn.Conv2d(192, 384, kernel_size=3, padding=1),
            nn.ReLU(),
            nn.Conv2d(384, 256, kernel_size=3, padding=1),
            nn.ReLU(),
            nn.Conv2d(256, 256, kernel_size=3, padding=1),
            nn.ReLU(),
            nn.MaxPool2d(kernel_size=3, stride=2),
        )
        self.avgpool = nn.AdaptiveAvgPool2d((6, 6))
        self.classifier = nn.Sequential(
            nn.Dropout(),
            nn.Linear(256 * 6 * 6, 4096),
            nn.ReLU(),
            nn.Dropout(),
            nn.Linear(4096, 4096),
            nn.ReLU(),
            nn.Linear(4096, num_classes)
        )

    def forward(self, x):
        x = self.features(x)
        x = self.avgpool(x)
        x = torch.flatten(x, 1)
        x = self.classifier(x)
        return x
```

首先注意到的是这里使用了 nn.Sequential()。这允许我们创建一个由多层构成的链。在 forward() 中使用这样一个链时，输入会连续通过这个层数组中的每一层。可以用链将模型分解为更合理的排列。在这个网络中，我们有两个链：features 块和 classifier。下面来看引入的新层，首先从 Conv2d 开始。

卷积

Conv2d 层是一个二维卷积。如果有一个灰度图像，它会包含一个数组，宽度为 x 像素，高度为 y 像素，数组中的每个元素有一个值，指示这是黑色还是白色，或者介于两者之间（假设是一个 8 位图像，那么每个值可以在 0~255 之间）。对于这个例子，我们来看一个很小的正方形图像，高度和宽度都是 4 像素：

$$\begin{bmatrix} 10 & 11 & 9 & 3 \\ 2 & 123 & 4 & 0 \\ 45 & 237 & 23 & 99 \\ 20 & 67 & 22 & 255 \end{bmatrix}$$

接下来我们引入一个过滤器（filter）的概念，或卷积内核（convolutional kernel）。这是另外一个矩阵，可能更小，我们会在图像上拖动这个过滤器。以下是我们的 2 × 2 过滤器：

$$\begin{bmatrix} 1 & 0 \\ 1 & 0 \end{bmatrix}$$

要生成输出，我们会得到这个小过滤器，让它滑过原始输入，就像一个放大镜滑过一张纸一样。从左上角开始，我们的第一个计算如下所示：

$$\begin{bmatrix} 10 & 11 \\ 2 & 123 \end{bmatrix}\begin{bmatrix} 1 & 0 \\ 1 & 0 \end{bmatrix}$$

我们要做的就是将这个矩阵中的各个元素与另一个矩阵中的相应元素相乘，并累加结果：(10×1) + (11×0) + (2×1) + (123×0) = 12。完成之后，向右移动过滤器再次计算。不过，过滤器要移动多少？在这里，我们让过滤器移动 2 步，这意味着第 2 个计算如下：

$$\begin{bmatrix} 9 & 3 \\ 4 & 0 \end{bmatrix} \begin{bmatrix} 1 & 0 \\ 1 & 0 \end{bmatrix}$$

这会得到输出 13。现在将过滤器下移并回到左边，重复这个过程，这样我们会得到下面的最终结果 [或特征图（feature map）]：

$$\begin{bmatrix} 12 & 13 \\ 65 & 45 \end{bmatrix}$$

在图 3-1 中，可以形象地看到这是如何工作的，一个 3×3 的内核在一个 4×4 的张量上拖动，会生成一个 2×2 的输出（不过每一部分要基于 9 个元素计算而不是第一个例子中的 4 个元素）。

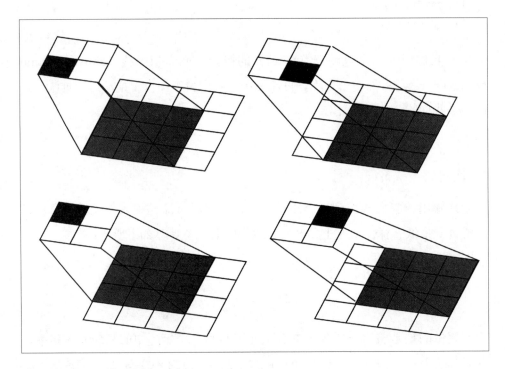

图 3-1：一个 3×3 内核如何作用于一个 4×4 输入

卷积层有很多这样的过滤器，要通过训练网络来填入它们的值，这一层的所有过滤器都有相同的偏置值。

下面再回过来看看如何调用 Conv2d 层，并了解可以设置的其他一些选项：

```
nn.Conv2d(in_channels,out_channels, kernel_size, stride, padding)
```

in_channels 是这一层要接收的输入通道个数。开始时，网络接受 RGB 图像作为输入，所以输入通道数为 3。毫不奇怪，out_channels 就是输出通道个数，这对应卷积层中的过滤器个数。接下来是 kernel_size，它描述了过滤器的高度和宽度[注1]。这可以是指定一个正方形的一个标量（例如，在第一个卷积层中，我们要建立一个 11×11 的过滤器），或者可以使用一个元组 [如 (3,5) 表示一个 3 × 5 的过滤器]。

接下来两个参数看起来好像没什么，不过它们会对网络下游层产生很大影响，甚至会影响那一层最后看到的结果。stride 表示将过滤器调整到一个新位置时要在输入上移动多少步。在我们的例子中，最后的步长为 2，其效果是使得特征图为输入大小的一半。不过我们也可以按步长 1 来移动，这样可以得到4×4 的特征图输出（与输入大小相同）。还可以传入一个元组 (a,b)，这允许我们每一步水平移动 a 并且向下移动 b。现在你可能会疑惑，到达边缘时会发生什么？下面就来看一看。如果按步长为 1 拖动我们的过滤器，最后会达到这一点：

$$\begin{bmatrix} 3 & ? \\ 0 & ? \end{bmatrix}$$

输入中没有足够的元素来完成一个完整的卷积。那么会发生什么呢？

这里 padding 参数就要起作用了。如果指定 padding 值为 1，我们的输入就会类似这样：

注 1: 内核和过滤器常常在文献中交替使用。如果你有图形处理经验，可能更习惯内核，不过我更喜欢过滤器。

$$\begin{bmatrix} 0 & 0 & 0 & 0 & 0 & 0 \\ 0 & 10 & 11 & 9 & 3 & 0 \\ 0 & 2 & 123 & 4 & 0 & 0 \\ 0 & 45 & 237 & 23 & 99 & 0 \\ 0 & 20 & 67 & 22 & 255 & 0 \\ 0 & 0 & 0 & 0 & 0 & 0 \end{bmatrix}$$

现在当我们到达边缘时，被过滤器覆盖的值如下：

$$\begin{bmatrix} 3 & 0 \\ 0 & 0 \end{bmatrix}$$

如果没有设置填充，PyTorch 在输入最后一列遇到的任何边缘情况都会直接丢弃。要由你来适当地设置填充。类似于 stride 和 kernel_size，也可以传入一个元组表示 height × weight 填充，而不是指定一个数在两个方向上做同样的填充。

这就是我们的模型中 Conv2d 层所做的工作。不过那些 MaxPool2d 层做什么呢？

池化

与卷积层一起，通常还会看到池化（pooling）层。这些层会降低前一个输入层的网络分辨率，使得更低的层有更少的参数。首先这种压缩可以让计算更快，而且这有助于避免网络中的过拟合。

在我们的模型中，我们使用了 MaxPool2d，内核大小为 3，步长为 2。下面通过一个例子来看这是如何工作的。以下是一个 5 × 3 输入：

$$\begin{bmatrix} 1 & 2 & 1 & 4 & 1 \\ 5 & 6 & 1 & 2 & 5 \\ 5 & 0 & 0 & 9 & 6 \end{bmatrix}$$

使用内核大小 3 × 3 和步长 2，可以从池化得到两个 3 × 3 张量：

$$\begin{bmatrix} 1 & 2 & 1 \\ 5 & 6 & 1 \\ 5 & 0 & 0 \end{bmatrix}$$

$$\begin{bmatrix} 1 & 4 & 1 \\ 1 & 2 & 5 \\ 0 & 9 & 6 \end{bmatrix}$$

在 MaxPool 中，我们分别从这两个张量得到最大值，这样就得到一个输出张量 [6,9]。与卷积层一样，MaxPool 也有一个 padding 选项，可以在张量上创建一个 0 值组成的边框，以防跨出到张量窗口之外。

可以想象，除了从内核取得最大值，还可以用其他函数池化。一个很受欢迎的候选函数是取张量值的平均值，这就使得所有张量数据都会对池化做出贡献，而不像 max 中那样只是一个值有贡献（如果考虑一个图像，可以想象为你可能想考虑一个像素的所有近邻）。另外，PyTorch 还提供了 AdaptiveMaxPool 和 AdaptiveAvgPool 层，它们的工作独立于接收的输入张量的维度（例如，我们的模型中有一个 AdaptiveAvgPool）。建议在你构造的模型架构中使用这些层而不是标准的 MaxPool 或 AvgPool 层，因为它们允许你创建可以处理不同输入维度的架构；在处理不同的数据集时，这会很方便。

还有一个新的部分要讨论，这个部分极其简单，但是对训练非常重要。

Dropout

对于神经网络，一个反复出现的问题是它们很容易对训练数据过拟合，为此神经网络领域做了大量工作来寻找适当的方法，希望能够使网络学习和泛化到非训练数据，而不只是学习如何简单地应对训练输入。为了做到这一点，Dropout(随机失活)层是一个极其简单的方法,好处是很容易理解而且很有效: 在一个训练周期中，如果对网络中随机的一组节点不做训练怎么样？因为它们不会更新，所以没有机会与输入数据过拟合，而且由于这是随机的，所以每个训练周期会忽略输入中不同的数据，这有助于进一步泛化。

默认地，在我们的示例 CNN 网络中，Dropout 层初始化为 0.5，这表示 50%
的输入张量会随机地置 0。如果你想把它改为 20%，可以为初始化调用增加 p
参数：Dropout(p=0.2)。

 Dropout 应当只在训练时发生。如果在推理时发生，你就会失去网络的很大
一部分推理能力，这可不是我们希望的！好在 PyTorch 的 Dropout 实现会确
定你正在哪个模式中运行，如果是推理时，所有数据都会通过 Dropout 层。

以上简单地介绍了我们的小 CNN 模型，并深入地分析了不同类型的层，下面
来看过去十年间建立的其他模型。

CNN 架构历史

尽管 CNN 模型已经存在了数十年之久（例如，早在 20 世纪 90 年代后期，就
已经用 LeNet-5 来识别支票上的数字），但直到 GPU 得到广泛使用之后，深
度 CNN 网络才变得实用。即便如此，深度学习网络开始碾压所有其他现有的
图像分类方法也只用了几年的时间。这一节中，我们会简单地回顾过去几年
的历史，讨论基于 CNN 的学习中的一些里程碑，并在这个过程中探讨一些新
技术。

AlexNet

在很多方面，*AlexNet* 是一个改变了一切的架构。这个架构在 2012 年发布，
它在当年的 ImageNet 竞赛中以 top-5 错误率 15.3% 挫败了所有其他参赛者（要
知道竞赛第二名的 top-5 错误率为 26.2%，由此可以了解到它比当时其他前沿
方法高出多少）。AlexNet 是第一个引入 MaxPool 和 Dropout 的架构，甚至推
广了当时还少有人知的 ReLU 激活函数。它是最早展示可以高效地在 GPU 上

使用多层进行训练的架构之一。尽管现在它已经不再是最先进的技术，但在深度学习历史上仍然是一个重要的里程碑。

AlexNet 架构是什么样？可以告诉你一个小秘密了。这一章目前为止使用的网络是什么？正是 AlexNet。是不是惊喜？正是这个原因，我们使用了标准 MaxPool2d 而不是 AdaptiveMaxPool2d，就是为了与原来的 AlexNet 定义一致。

Inception/GoogLeNet

下面跳转到 2014 ImageNet 竞赛的优胜者。GoogLeNet 架构引入了 *Inception* 模型，它解决了 AlexNet 的一些缺陷。在 AlexNet 网络中，卷积层的内核固定为某个分辨率。可以设想一个图像在宏观和微观上都有一些重要的细节。用一个大内核可以更容易地确定一个对象是否是一辆车，但是要确定它是一个 SUV 还是一个掀背车，可能就需要一个更小的内核。另外要确定模型，我们可能还需要一个更小的内核来辨认 Logo 和车标之类的细节。

Inception 网络则不同，它在相同的输入上运行一系列不同大小的卷积，并把所有过滤器联合在一起传递到下一层。不过，在做所有这些工作之前，它会完成一个 1 × 1 卷积作为压缩输入张量的一个 *bottleneck*，这意味着，与没有这个 1 × 1 卷积相比，3 × 3 和 5 × 5 内核操作的过滤器更少。图 3-2 给出了 Inception 模块示意图。

原始 GoogLeNet 架构使用了 9 个这样的模块叠加在一起，形成一个深度网络。尽管深度更大，但总的来讲，它使用的参数比 AlexNet 少，却能提供类似于人类的表现，top-5 错误率达到 6.67%。

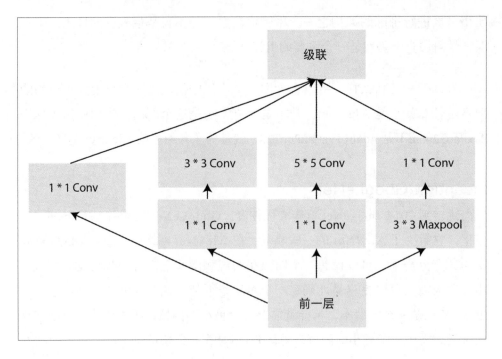

图 3-2：Inception 模块

VGG

2014 年 ImageNet 竞赛第二名来自牛津大学的 Visual Geometry Group (VGG) 网络。与 GoogLeNet 不同，VGG 是一个更简单的卷积层堆叠。提供了多个不同的配置，在最后的分类层之前，包含更长的卷积过滤器堆叠，并结合了两个很大的隐藏线性层，这个模型很好地展示了简单深度架构的能力（其 VGG-16 配置的 top-5 错误率达到 8.8%）。图 3-3 展示了 VGG-16 从头到尾的所有层。

VGG 方法的缺点是最后的全连接层使网络膨胀到一个很大的规模，参数高达 13800 万个，而相比之下，GoogLeNet 只有 700 万个参数。话虽如此，尽管规模庞大，VGG 网络在深度学习领域里仍然很受欢迎，这很容易理解，因为它的构造比较简单，而且早期可以得到训练的权重。经常可以看到 VGG 在风格转换应用中使用（例如，把一个照片转换为一幅梵高油画），因为通过结合卷积过滤器，与更复杂的网络相比，看起来确实能以一种更易于观察的方式捕获那种信息。

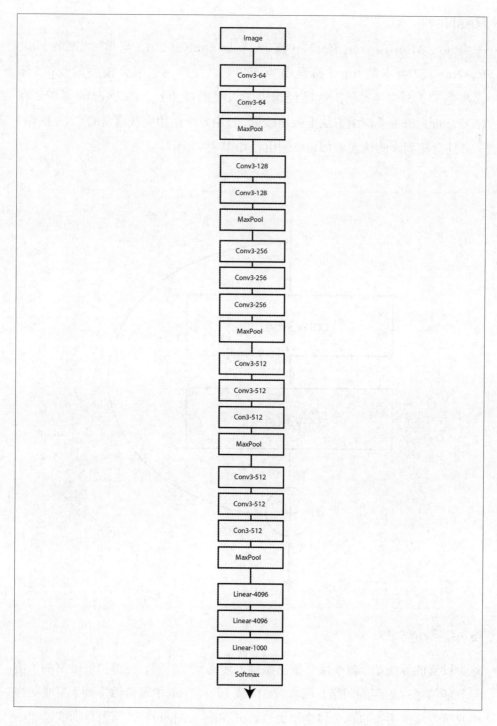

图 3-3：VGG-16

ResNet

一年后，Microsoft 的 ResNet 赢得了 ImageNet 2015 竞赛的冠军，其
ResNet-152 版本的 top-5 错误率为 4.49%，另外一个组合模型的 top-5 错
误率达到 3.57%（实际上这已经超出了人类的能力）。ResNet 的创新是在
Inception 式的堆叠层组方法上做出改进，其中每个组中完成通常的 CNN 操作，
另外还会把到来的输入增加到块输出，如图 3-4 所示。

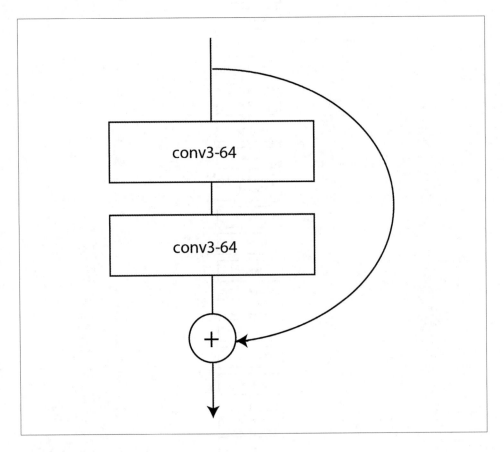

图 3-4：ResNet 块

这种设置的好处是，每个块会把原始输入传递到下一层，使得训练数据的"信
号"能够通过更深的网络，而在 VGG 或 Inception 中可能做不到 [深度网络
中权重变化的丢失也称为梯度消失（vanishing gradient），原因是训练过程中
反向传播中梯度变化趋近于 0]。

还有其他架构

2015 年左右，很多其他架构逐步提高了 ImageNet 上图像分类的准确度，如 DenseNet（这是对 ResNet 思想的一个扩展，允许构造包含 1000 层的庞大架构），另外还做了大量工作来创建诸如 SqueezeNet 和 MobileNet 等架构，它们能提供合理的准确度，不过相对于 VGG、ResNet 或 Inception 等架构，这些架构的规模很小。

还有一个重要的研究领域是让神经网络开始自己设计神经网络。目前为止最成功的尝试当然来自 Google，它的 AutoML 系统生成了一个名为 NASNet 的架构，它在 ImageNet 上的 top-5 错误率为 3.8%，写这本书时是去年年初，NASNet（以及 Google 的另一个自动生成的架构，名为 *PNAS*）是目前最先进的技术。实际上，ImageNet 竞赛的组织者决定叫停这个领域的进一步竞争，因为这些架构已经超越了人类水平。

以上是出版这本书时最先进的技术，所以下面来看如何使用这些模型，而不是定义我们自己的模型。

PyTorch 中使用预训练模型

显然，如果每次想要使用一个模型都必须定义模型，这会很麻烦，特别是如果你的起点是 AlexNet，PyTorch 默认地在 `torchvision` 库中提供了很多最流行的模型。对于 AlexNet，所要做的只是：

```
import torchvision.models as models
alexnet = models.alexnet(num_classes=2)
```

另外还提供了不同版本的 VGG, ResNet, Inception, DenseNet 和 SqueezeNet 的定义。这里提供了模型定义，不过你还可以更进一步调用 `models.alexnet(pretrained=True)` 为 AlexNet 下载一个预训练的权重集，这样你就能立即用它进行分类而不需要额外的训练（但是下一章会看到，你可能还想另外做一些训练，来提高特定数据集上的准确度）。

尽管如此，至少需要自己建立一个模型，从而对模型如何组成有所认识。一个好办法是在 PyTorch 中对构建模型架构做一些实践，当然，可以与已提供的模型进行比较，确保你得到的模型与实际定义一致。那么如何确定模型的结构呢？

分析模型的结构

如果你很好奇某个模型是如何构造的，有一种简单的方法可以让 PyTorch 帮你明确。举个例子，下面来看完整的 ResNet-18 架构，只需要调用以下代码就可以得到：

```
print(model)

ResNet(
  (conv1): Conv2d(3, 64, kernel_size=(7, 7), stride=(2, 2), padding=(3, 3),
  bias=False)
  (bn1): BatchNorm2d(64, eps=1e-05, momentum=0.1, affine=True,
track_running_stats=True)
  (relu): ReLU(inplace)
  (maxpool): MaxPool2d(kernel_size=3, stride=2, padding=1,
  dilation=1, ceil_mode=False)
  (layer1): Sequential(
    (0): BasicBlock(
      (conv1): Conv2d(64, 64, kernel_size=(3, 3), stride=(1, 1),
      padding=(1, 1), bias=False)
      (bn1): BatchNorm2d(64, eps=1e-05, momentum=0.1, affine=True,
       track_running_stats=True)
      (relu): ReLU(inplace)
      (conv2): Conv2d(64, 64, kernel_size=(3, 3), stride=(1, 1),
      padding=(1, 1), bias=False)
      (bn2): BatchNorm2d(64, eps=1e-05, momentum=0.1, affine=True,
       track_running_stats=True)
    )
    (1): BasicBlock(
      (conv1): Conv2d(64, 64, kernel_size=(3, 3), stride=(1, 1),
       padding=(1, 1), bias=False)
      (bn1): BatchNorm2d(64, eps=1e-05, momentum=0.1, affine=True,
       track_running_stats=True)
      (relu): ReLU(inplace)
      (conv2): Conv2d(64, 64, kernel_size=(3, 3), stride=(1, 1),
      padding=(1, 1), bias=False)
      (bn2): BatchNorm2d(64, eps=1e-05, momentum=0.1, affine=True,
```

```
      track_running_stats=True)
    )
  )
  (layer2): Sequential(
    (0): BasicBlock(
      (conv1): Conv2d(64, 128, kernel_size=(3, 3), stride=(2, 2),
       padding=(1, 1), bias=False)
      (bn1): BatchNorm2d(128, eps=1e-05, momentum=0.1, affine=True,
       track_running_stats=True)
      (relu): ReLU(inplace)
      (conv2): Conv2d(128, 128, kernel_size=(3, 3), stride=(1, 1),
       padding=(1, 1), bias=False)
      (bn2): BatchNorm2d(128, eps=1e-05, momentum=0.1, affine=True,
       track_running_stats=True)
      (downsample): Sequential(
        (0): Conv2d(64, 128, kernel_size=(1, 1), stride=(2, 2),
         bias=False)
        (1): BatchNorm2d(128, eps=1e-05, momentum=0.1, affine=True,
         track_running_stats=True)
      )
    )
    (1): BasicBlock(
      (conv1): Conv2d(128, 128, kernel_size=(3, 3), stride=(1, 1),
       padding=(1, 1), bias=False)
      (bn1): BatchNorm2d(128, eps=1e-05, momentum=0.1, affine=True,
       track_running_stats=True)
      (relu): ReLU(inplace)
      (conv2): Conv2d(128, 128, kernel_size=(3, 3), stride=(1, 1),
       padding=(1, 1), bias=False)
      (bn2): BatchNorm2d(128, eps=1e-05, momentum=0.1, affine=True,
       track_running_stats=True)
    )
  )
  (layer3): Sequential(
    (0): BasicBlock(
      (conv1): Conv2d(128, 256, kernel_size=(3, 3), stride=(2, 2),
       padding=(1, 1), bias=False)
      (bn1): BatchNorm2d(256, eps=1e-05, momentum=0.1, affine=True,
       track_running_stats=True)
      (relu): ReLU(inplace)
      (conv2): Conv2d(256, 256, kernel_size=(3, 3), stride=(1, 1),
       padding=(1, 1), bias=False)
      (bn2): BatchNorm2d(256, eps=1e-05, momentum=0.1, affine=True,
       track_running_stats=True)
      (downsample): Sequential(
        (0): Conv2d(128, 256, kernel_size=(1, 1), stride=(2, 2),
```

```
      bias=False)
      (1): BatchNorm2d(256, eps=1e-05, momentum=0.1, affine=True,
      track_running_stats=True)
     )
    )
    (1): BasicBlock(
     (conv1): Conv2d(256, 256, kernel_size=(3, 3), stride=(1, 1),
     padding=(1, 1), bias=False)
     (bn1): BatchNorm2d(256, eps=1e-05, momentum=0.1, affine=True,
     track_running_stats=True)
     (relu): ReLU(inplace)
     (conv2): Conv2d(256, 256, kernel_size=(3, 3), stride=(1, 1),
     padding=(1, 1), bias=False)
     (bn2): BatchNorm2d(256, eps=1e-05, momentum=0.1, affine=True,
     track_running_stats=True)
    )
   )
   (layer4): Sequential(
    (0): BasicBlock(
     (conv1): Conv2d(256, 512, kernel_size=(3, 3), stride=(2, 2),
     padding=(1, 1), bias=False)
     (bn1): BatchNorm2d(512, eps=1e-05, momentum=0.1, affine=True,
     track_running_stats=True)
     (relu): ReLU(inplace)
     (conv2): Conv2d(512, 512, kernel_size=(3, 3), stride=(1, 1),
     padding=(1, 1), bias=False)
     (bn2): BatchNorm2d(512, eps=1e-05, momentum=0.1, affine=True,
     track_running_stats=True)
     (downsample): Sequential(
      (0): Conv2d(256, 512, kernel_size=(1, 1), stride=(2, 2),
      bias=False)
      (1): BatchNorm2d(512, eps=1e-05, momentum=0.1, affine=True,
      track_running_stats=True)
     )
    )
    (1): BasicBlock(
     (conv1): Conv2d(512, 512, kernel_size=(3, 3), stride=(1, 1),
     padding=(1, 1), bias=False)
     (bn1): BatchNorm2d(512, eps=1e-05, momentum=0.1, affine=True,
      track_running_stats=True)
     (relu): ReLU(inplace)
     (conv2): Conv2d(512, 512, kernel_size=(3, 3), stride=(1, 1),
     padding=(1, 1), bias=False)
     (bn2): BatchNorm2d(512, eps=1e-05, momentum=0.1, affine=True,
     track_running_stats=True)
    )
```

```
    )
    (avgpool): AdaptiveAvgPool2d(output_size=(1, 1))
    (fc): Linear(in_features=512, out_features=1000, bias=True)
)
```

除 `BatchNorm2d` 外，这里的内容你在这一章里几乎都已经见过。下面就来看其中一层的 `BatchNorm2d` 在做什么。

BatchNorm

BatchNorm 是批归一化（batch normalization）的简写，这是只有一个任务的简单层：使用两个学习参数（这意味着它将随其余网络进行训练），努力确保通过网络的每个小批次（minibatch）均值以 0 为中心（零均值化），并且方差为 1。你可能会问，我们已经用第 2 章中的转换链对输入进行了归一化，为什么还需要做这个工作？对于较小的网络，`BatchNorm` 确实没有太大用处，但是随着网络越来越大，由于反复的相乘，任意一层对另一层（比如向下 20 层）的影响是极大的，最终可能会遭遇梯度消失或梯度爆炸，这两个问题对于训练过程都是致命的。`BatchNorm` 层可以确保即使使用类似 ResNet-152 的模型，网络中的乘法也不会失控。

你可能会奇怪：如果我们的网络中有 `BatchNorm`，为什么还要在训练循环的转换链中对输入归一化呢？难道 `BatchNorm` 不能为我们做这个工作吗？答案是：这是可以的，你完全可以这样做！不过，这会让网络花更长时间来学习如何控制输入，因为它们必须自己发现初始转换，这会让训练时间更长。

建议你对目前为止我们讨论过的所有架构进行实例化，并使用 `print(model)` 来看看它们使用了哪些层，另外看看操作以什么顺序发生。在此之后，还有一个重要的问题：我应该使用其中哪一个架构？

要使用哪个模型

一个答案是：当然哪个模型适合你就用哪一个，可惜这个答案没什么帮助。不过，我们可以更深入一些。首先，尽管我建议你现在尝试 NASNet 和 PNAS 架构，但是我并不真心推荐这两个模型，虽然它们在 ImageNet 上有惊人的表现。这些模型在运行时需要大量内存，而且与人类构建的架构相比（包括 ResNet），迁移学习（transfer learning）技术（将在第 4 章介绍）不是很有效。

建议你了解一下 Kaggle（*https://www.kaggle.com/*）上基于图像的竞赛，这个网站组织了数百个数据科学竞赛，可以看看优胜者使用的是什么模型。你很可能会看到大量基于 ResNet 的组合模型。就我个人来讲，相对于这里列出的所有其他架构，我更喜欢 ResNet 架构，也会使用这个架构，首先是因为它们可以提供很好的准确度，其次是因为可以很容易地尝试用一个 ResNet-34 模型快速迭代，一旦我觉得有了一个好的想法时，可以再转向更大的 ResNet（更实际的，可能是不同 ResNet 架构的一个组合，比如 Microsoft 在 2015 年 ImageNet 竞赛夺冠时使用的就是这样一个组合模型）。

在结束这一章之前，还要告诉你一些关于下载预训练模型的重大新闻。

一站式模型库：PyTorch Hub

PyTorch 世界最近的一个声明提供了另外一个途径来获得模型：*PyTorch Hub*。未来这应该会成为获得所有发布模型的中心，无论是用于处理图像、文本、音频、视频还是任何其他类型的数据。要以这种方式得到一个模型，需要使用 torch.hub 模块：

```
model = torch.hub.load('pytorch/vision', 'resnet50', pretrained=True)
```

第一个参数指示一个 GitHub 所有者和存储库（这个字符串中还可以有一个可选的 *tag/branch* 标识符）；第二个参数是所请求的模型（这里为 resnet50）；第三个参数指示是否下载预训练的权重。还可以使用 torch.hub.list('pytorch/vision') 发现存储库中可以下载的所有模块。

直到去年年中，PyTorch Hub 还是全新的，所以我写这本书时还没有提供太多模型，但我认为到了年底 PyTorch Hub 就将成为发布和下载模型的一种流行方法。这一章中的所有模型都可以在 PyTorch Hub 中通过 pytorch/vision repo 加载，所以完全可以使用这个加载过程而不是 torchvision.models。

小结

这一章中，我们快速了解了基于 CNN 的神经网络是如何工作的，包括诸如 Dropout，MaxPool 和 BatchNorm 等特性。你还了解了当前行业中使用的最流行的一些架构。在继续学习下一章之前，可以尝试一下我们讨论的这些架构，看看它们的比较结果如何（不要忘记，你不需要训练这些模型！只需要下载权重并测试模型）。

接下来我们将结束有关计算机视觉的探讨，将使用这些预训练的模型作为起点，使用迁移学习为我们的猫和鱼问题建立一个定制解决方案。

延伸阅读

- AlexNet: Alex Krizhevsky 等，"ImageNet Classification with Deep Convolutional Neural Networks"（2012）（*https://oreil.ly/CsoFv*）。

- VGG: Karen Simonyan 和 Andrew Zisserman，"Very Deep Convolutional Networks for Large-Scale Image Recognition"（2014）（*https://arxiv.org/abs/1409.1556*）。

- Inception: Christian Szegedy 等，"Going Deeper with Convolutions"（2014）（*https://arxiv.org/abs/1409.4842*）。

- ResNet: Kaiming He 等，"Deep Residual Learning for Image Recognition"（2015）（*https://arxiv.org/abs/1512.03385*）。

- NASNet: Barret Zoph 等，"Learning Transferable Architectures for Scalable Image Recognition"（2017）（*https://arxiv.org/abs/1707.07012*）。

第 4 章

迁移学习和其他技巧

上一章介绍了模型架构，你可能想知道能不能下载一个已经训练的模型，再进一步训练。答案是可以！这在深度学习圈子里是一个极其强大的技术，称为迁移学习（transfer learning）。通过迁移学习，可以将为一个任务训练的网络（例如 ImageNet）调整为用于另一个任务（鱼和猫问题）。

为什么要这么做？实际上，在 ImageNet 上训练的一个架构对于图像已经相当了解，具体地，它很清楚一个图像是猫还是鱼（或者狗或鲸）。利用迁移学习，由于你不用再从一个基本空白的神经网络开始，训练花费的时间可能会少得多，而且可以只使用一个小得多的训练数据集。传统深度学习方法要利用大量数据来生成合适的结果。利用迁移学习，只用几百个图像就可以构建达到人类水平的分类器。

用 ResNet 迁移学习

现在，显然我们要做的是像第 3 章中一样创建一个 ResNet 模型，然后把它纳入我们现有的训练循环。你完全可以做到！ResNet 模型并没有什么神奇的地方：它同样由你已经见过的构建模块组成。不过，这是一个很大的模型，另外你会看到，尽管将用你的数据对一个基准 ResNet 做一些改进，但它还是需要大量数据来确保训练信号（signal）到达架构的所有部分，并针对新的分类任务充分进行训练。我们想避免在这个方法中使用大量数据。

不过，现在的情况是：我们处理的架构不是用随机参数初始化，这与我们以前的做法不同。预训练的 ResNet 模型已经编码了一组信息来满足图像识别和分类需要，所以何必那么麻烦地试图重新训练呢？实际上，我们会微调（fine-tune）这个网络。对这个架构稍做修改，在最后包括一个新的网络模块，来取代正常情况下完成 ImageNet 分类（1000 个类别）的标准线性层。然后冻结（freeze）所有现有的 ResNet 层，训练时，只更新新层中的参数，不过还是要从冻结层得到激活值。这使得我们可以快速地训练新层，同时保留预训练层已经包含的信息。

首先，下面来创建一个预训练的 ResNet-50 模型：

```
from torchvision import models
transfer_model = models.ResNet50(pretrained=True)
```

接下来，需要冻结这些层。做法很简单：通过使用 requires_grad() 让它们停止累积梯度。需要对网络中的每一个参数都这么做，不过好在 PyTorch 提供了一个 parameters() 方法，可以很容易地完成这个工作：

```
for name, param in transfer_model.named_parameters():
    param.requires_grad = False
```

你可能不想冻结模型中的 BatchNorm 层，因为这些层训练为逼近模型原先训练的数据集的均值和标准差，而不是你想要微调的那个数据集。BatchNorm 修正（correct）你的输入时，最后可能会丢失数据的一些信号。可以查看模型结构，只冻结不是 BatchNorm 的层：

```
for name, param in transfer_model.named_parameters():
    if("bn" not in name):
        param.requires_grad = False
```

然后需要把最后的分类模块替换为一个新模块，就是我们要训练来检测是猫还是鱼的模块。在这个例子中，我们把它替换为两个 Linear 层、一个 ReLU 和 Dropout，不过这里也可以有额外的 CNN 层。让人高兴的是，PyTorch 中 ResNet 实现的定义把最后的分类器模块存储为一个实例变量 fc，所以我们所要做的就是把它替换为我们的新结构（PyTorch 提供的其他模型可能使用 `fc` 或者 `classifier`，所以如果你打算迁移一个不同的模型类型，可能需要检查源代码中的定义）：

```
transfer_model.fc = nn.Sequential(nn.Linear(transfer_model.fc.in_features,500),
nn.ReLU(),
nn.Dropout(), nn.Linear(500,2))
```

在前面的代码中，我们利用了 `in_features` 变量，这可以用来得到进入一层的激活值数（这里是 2048）。还可以使用 `out_features` 发现输出的激活值。像搭砖块一样组合网络时，这些函数会很方便。如果一层的输入特征与前一层的输出特征不一致，你会在运行时得到一个错误。

最后，回到我们的训练循环，再照常训练这个模型。应该能看到，只用几个 epoch，准确度就会大幅提升。

迁移学习是提高机器学习应用准确度的一种关键技术，不过我们还可以采用一组其他的技巧来提升模型的性能。下面就来介绍这样一些技术。

查找学习率

你应该记得第 2 章中我介绍过训练神经网络学习率（learning rate）的概念，曾经提到这是你能修改的最重要的超参数之一，但是没有讲应该用多大的学习率，只是建议使用一个相当小的数，让你自己试验不同的值。嗯……糟糕的是，很多人就是以这种方式来为他们的架构发现最优学习率，通常会采用一种称为网格搜索（grid search）的技术，就是穷尽搜索一个学习率值的子集，将结果与一个验证数据集比较。这实在是很耗费时间，另外尽管人们会这么做，但还有很多人宁愿相信从业者的经验。例如，根据经验观察到使用 Adam 优化器的学习率值是 3e-4。这称为 Karpathy 常量，这出自 2016 年 Andrej Karpathy（目前是 Tesla 的 AI 负责人）发的一条推文。遗憾的是，很少有人读到他的下一条推文："我只是想让大家明白这是个玩笑"。有意思的是，3e-4 这个值通常确实可以提供不错的结果，所以这是一个带点真实性的玩笑。

一方面，搜索很慢、很笨拙，另一方面，可能要通过使用无数架构获得大量晦涩艰深的知识，直到对合适的学习率有些感觉（甚至要手工搭建神经网络）。有没有比这两个极端更好的办法？

好在答案是肯定的，尽管你会奇怪地发现很多人都没有使用这种更好的方法。Leslie Smith 写过一篇有些难懂的文章，他是美国海军研究实验室的一位研究员，这篇文章中包含一个查找合适学习率的方法[注1]。不过，直到 Jeremy Howard 在他的 fast.ai 课程中将这个技术推向前台，它才开始在深度学习社区流行起来。

这种技术的思想很简单：在一个 epoch 期间，首先从一个小的学习率开始，每一个小批次增加到一个更大的学习率，直到这个 epoch 结束时得到一个很大的学习率。计算每个学习率的相应损失，然后查看一个图，选出使损失下降最大的学习率。例如，可以看图 4-1。

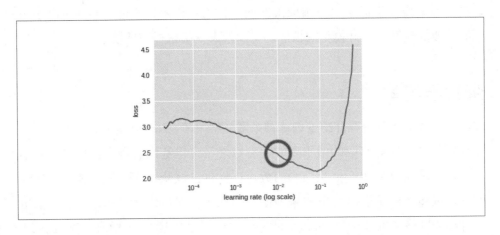

图 4-1：学习率与损失

在这里，我们要使用的学习率约为 1e-2（用圆圈标出），因为大致在这一点梯度下降最大。

注 1： 参见 Leslie Smith 的 "Cyclical Learning Rates for Training Neural Networks" (2015)。

注意，不是要找曲线底部（尽管那个位置可能更直观），你要找的是能够最快到达底部的点。

下面是 fast.ai 库在后台所做工作的一个简化版本：

```python
import math
def find_lr(model, loss_fn, optimizer, init_value=1e-8, final_value=10.0):
    number_in_epoch = len(train_loader) - 1
    update_step = (final_value / init_value) ** (1 / number_in_epoch)
    lr = init_value
    optimizer.param_groups[0]["lr"] = lr
    best_loss = 0.0
    batch_num = 0
    losses = []
    log_lrs = []
    for data in train_loader:
        batch_num += 1
        inputs, labels = data
        inputs, labels = inputs, labels
        optimizer.zero_grad()
        outputs = model(inputs)
        loss = loss_fn(outputs, labels)

        # Crash out if loss explodes

        if batch_num > 1 and loss > 4 * best_loss:
            return log_lrs[10:-5], losses[10:-5]

        # Record the best loss

        if loss < best_loss or batch_num == 1:
            best_loss = loss

        # Store the values

        losses.append(loss)
        log_lrs.append(math.log10(lr))

        # Do the backward pass and optimize

        loss.backward()
        optimizer.step()
```

```
    # Update the lr for the next step and store

    lr *= update_step
    optimizer.param_groups[0]["lr"] = lr
return log_lrs[10:-5], losses[10:-5]
```

这里所做的就是迭代各个批次，基本上照常训练，将输入传入模型，然后得
到这个批次的损失。我们会记录目前为止的 best_loss，将新损失值与它比
较。如果新损失大于 best_loss 的 4 倍，就退出函数，返回目前得到的结果
（因为损失可能趋于无穷大）。否则，继续追加这个损失以及当前学习率的
对数，再在下一步更新学习率，直到循环结束时达到最大学习率。然后使用
matplotlib plt 函数画图：

```
logs,losses = find_lr()
plt.plot(logs,losses)
found_lr = 1e-2
```

注意我们只返回了学习率对数和损失的片段。这样做只是因为开始和最后的
几个训练往往不会告诉我们太多信息（特别是如果学习率很快变得非常大的
情况下）。

fast.ai 库中的实现还包含加权平滑，所以你会在图中得到一条平滑曲线，但这
个代码段生成的输出是不平滑的。最后，要记住，因为这个函数确实会训练
模型，会改变优化器的学习率设置，所以应该提前保存并重新加载你的模型，
恢复到调用 find_lr() 之前的状态，还要重新初始化你选择的优化器，现在就
可以这样做，传入你从图中得到的学习率！

这样我们就能得到一个合适的学习率值，不过，通过使用差分学习率
（differential learning rates）还能做得更好。

差分学习率

在目前为止的训练中，我们对整个模型只应用一个学习率。从头开始训练一
个模型时，这可能是有道理的，不过对于迁移学习，正常情况下如果尝试不

同的做法可能会得到更好的准确度，就是用不同的学习率训练不同的层组。在这一章前面，我们冻结了模型中的所有预训练层，而只训练新的分类器，但我们也可能想要微调模型中的某些层，比如我们使用的 ResNet 模型。对分类器前面的几层增加一些训练可能会让我们的模型更准确一些。不过，由于前面的这些层已经在 ImageNet 数据集上经过训练，与新的层相比，它们可能只需要很少的一点训练，是不是？PyTorch 提供了一种简单的方法可以做到这一点。下面修改 ResNet-50 模型的优化器：

```
optimizer = optimizer.Adam([
{ 'params': transfer_model.layer4.parameters(), 'lr': found_lr /3},
{ 'params': transfer_model.layer3.parameters(), 'lr': found_lr /9},
], lr=found_lr)
```

这会把 layer4（我们的分类器之前的那一层）的学习率设置为当前找到的学习率（found_lr）的 1/3，并把 layer3 的学习率设置为 found_lr 学习率的 1/9。在我的工作中，从经验来看这种组合效果很好，不过当然你可以自由尝试。但还有一个问题。应该还记得，在这一章最前面，我们冻结了所有这些预训练的层，为它们提供一个不同的学习率也是可以的，不过，就目前而言，模型训练根本不涉及它们，因为它们并不累积梯度。下面来修改这一点：

```
unfreeze_layers = [transfer_model.layer3, transfer_model.layer4]
for layer in unfreeze_layers:
    for param in layer.parameters():
        param.requires_grad = True
```

现在这些层中的参数再次接受梯度，微调模型时将会应用差分学习率。需要说明，你可以根据需要冻结和解冻模型的各个部分，如果愿意，可以单独地在每一层上进一步微调！

既然我们已经了解了学习率，下面来研究训练模型的一个不同的方面：输入模型的数据。

数据增强

数据科学中，很可怕的一种说法是，"噢，天呐，我的模型在数据上过拟合了！"

我在第 2 章提到过，如果模型只是反映训练集中提供的数据，而不是生成一个泛化的解决方案，就会出现过拟合。经常会听人们谈到某个模型记住了数据集，这就表示这个模型只是学习了答案，在生产数据上仍然表现很差。

防止出现这种问题的传统做法是提供大量的数据。通过查看更多数据，模型会对所要解决的问题有一个更一般的认识。如果把这种情况看作是一个压缩问题，通过避免模型存储所有答案（由于数据太多，超出了其存储容量，所以无法全部存储），就会要求压缩输入，相应地可以生成一个更泛化的解决方案，而不只是存储答案。这很好而且也很有效，不过假设我们只有一千个图像，要完成迁移学习，该怎么做呢？

可以使用的一种方法是数据增强（data augmentation）。如果我们有一个图像，可以对这个图像做很多不同的处理，这样能避免过拟合，并使模型更泛化。考虑图 4-2 和图 4-3 中小猫 Helvetica 的图像。

图 4-2：原来的图像

图 4-3：左右翻转后的 Helvetica

对我们来说，显然它们是相同的图像。第二个图像只是第一个的镜像。但它们的张量表示是不同的，因为 RGB 值在 3D 图像的不同位置。不过它仍是一只猫，所以在这个图像上的模型训练会学习识别靠左或靠右的猫的形状，而不只是将整个图像与 *cat* 关联。在 PyTorch 做到这一点很简单。应该还记得第2 章中的以下代码段：

```
transforms = transforms.Compose([
        transforms.Resize(64),
        transforms.ToTensor(),
        transforms.Normalize(mean=[0.485, 0.456, 0.406],
                std=[0.229, 0.224, 0.225] )
        ])
```

这形成了一个转换流水线，所有图像进入模型进行训练时都会经过这个流水线。不过 torchivision.transforms 库还包含很多其他的转换函数，可以用来增强训练数据。下面来看其中比较有用的一些函数，另外还会看看对 Helvetica 使用一些不太明显的转换会发生什么。

Torchvision 转换

torchvision 提供了一个丰富的转换集合，包含可以用于数据增强的大量转换，另外还提供了两种构造新转换的方法。在这一节中，我们要介绍现成的最有用的一些转换，以及你自己的应用可能使用的两个定制转换。

```
torchvision.transforms.ColorJitter(brightness=0, contrast=0, saturation=0, hue=0)
```

ColorJitter 会随机地改变图像的亮度、对比度、饱和度和色调。对于亮度、对比度和饱和度，可以提供一个 float 或一个 float 元组，都是 0~1 范围之内的非负数，随机性将介于 0 到所提供的 float 之间，或者使用元组来生成随机性，将介于所提供的 float 对之间。对于色调，要求提供介于 –0.5~0.5 之间的一个 float 或一个 float 元组，会生成 [-*hue*,*hue*] 或 [*min*, *max*] 之间的随机色度调整。图 4-4 给出了一个例子。

图 4-4：应用 ColorJitter（所有参数都为 0.5）

如果想翻转图像，下面这两个转换会在水平或垂直轴上随机地翻转图像：

```
torchvision.transforms.RandomHorizontalFlip(p=0.5)
torchvision.transforms.RandomVerticalFlip(p=0.5)
```

要么提供一个 0~1 的 float 作为出现翻转的概率，要么接受默认 50% 的翻转概率。图 4-5 展示了在垂直方向上翻转的猫。

图 4-5：垂直翻转

RandomGrayscale 是一种类似的转换，只不过它会根据参数 p（默认为 10%）随机地转换图像灰度：

```
torchvision.transforms.RandomGrayscale(p=0.1)
```

可以想到，RandomCrop 和 RandomResizeCrop 会根据 size 对图像完成随机的裁剪，这个 size 可以是一个表示高度和宽度的 int，也可以是有不同高度和宽度的一个元组。图 4-6 展示了实际使用 RandomCrop 的一个例子。

```
torchvision.transforms.RandomCrop(size, padding=None,
pad_if_needed=False, fill=0, padding_mode='constant')
torchvision.transforms.RandomResizedCrop(size, scale=(0.08, 1.0),
ratio=(0.75, 1.33333333333333333), interpolation=2)
```

这里需要注意一点，因为如果裁剪得过小，就有可能剪去图像中重要的部分，这可能导致模型在错误的数据上进行训练。例如，如果一个图像中有一只猫在桌子上玩耍，假如裁剪将猫去掉而保留了桌子的部分，把它分类为猫就不合适了。RandomResizeCrop 会调整剪裁以满足给定的大小，而 RandomCrop 会按这个大小裁剪，可能会在图像之外加入填充。

> RandomResizeCrop 使用双线性插值，不过也可以修改 interpolation 参数选择最近邻或双三次插值。相关的更多详细内容参见 PIL 过滤器页面（*https://oreil.ly/rNOtN*）。

第 3 章已经看到，可以增加填充来保持所需的图像大小。默认地，会使用 constant 填充模式，也就是将图像之外的像素（否则为空）填充为 fill 中给定的值。不过，建议使用 reflect 填充模式，因为从经验看，这种填充效果比简单地放入空常量空间要好一些。

图 4-6：RandomCrop（size=100）

如果想随机地旋转一个图像，若 degrees 是一个 float 或 int，RandomRotation 会在 [-degrees, degrees] 之间变化，如果 degrees 是一个元组，RandomRotation 就在 (min,max) 之间变化：

torchvision.transforms.RandomRotation(degrees, resample=False,expand=False, center=None)

如果 expand 设置为 True，这个函数会扩展输出图像，使它能包含整个旋转；默认地，会设置为裁剪到输入维度以内。可以指定一个 PIL 重采样过滤器，还可以为旋转中心提供一个 (x,y) 元组；否则就会在图像中心旋转。图 4-7 是一个 RandomRotation 转换，degrees 设置为 45。

图 4-7：RandomRotation（degrees = 45）

Pad 是一个通用的填充转换，会在图像边框上增加填充（额外的高度和宽度）：

torchvision.transforms.Pad(padding, fill=0, padding_mode=constant)

如果 padding 只有一个值，会在所有方向上应用这个指定长度的填充。如果 padding 是一个包含两个值的元组，会生成长度为（left/right, top/bottom）的填充，如果是包含 4 个值的元组，则会生成（left, top, right, bottom）填充。默认地，填充设置为 constant 模式，这会把 fill 的值复制到填充槽（slots）。填充模式还有另外一些选择，包括 edge（这会用图像边缘的最后一个值填充指定的长度）；reflect[这会将图像的值（除了边缘）反射到边框]；symmetric（这也是一种 reflection，不过包括图像边缘的最后一个值）。图

4-8 展示了 padding 设置为 25，padding_mode 设置为 reflect 的填充效果。注意边缘上重复的箱子。

图 4-8：Pad（padding = 25，padding_mode = reflect）

RandomAffine 允许指定图像的随机仿射转换（缩放、旋转、平移和 / 或切变，或者它们的任意组合）。图 4-9 展示了一个仿射转换的例子。

```
torchvision.transforms.RandomAffine(degrees, translate=None, scale=None,
shear=None, resample=False, fillcolor=0)
```

图 4-9：RandomAffine（degrees = 10，shear = 50）

degrees 参数是一个 float 或 int，或者是一个元组。如果是单个值，会生成 ($-degrees$, $degrees$) 之间的一个随机旋转。如果是一个元组，则会生成

(*min, max*) 之间的随机旋转。如果要避免出现旋转，必须显式设置 degrees，对此没有默认设置。translate 是包含两个乘法器的一个元组（*horizontal_multipler, vertical_multiplier*），转换时，会在 *-image_width × horizontal_multiplier < dx <img_width × horizontal_width* 范围内采样水平偏移 dx，并根据图像高度和垂直乘法器用同样的方式采样垂直偏移。

缩放由另一个元组 (*min, max*) 处理，从这个区间随机采样一个统一的缩放因子。切变可以是一个 float/int 或是一个元组，类似 degrees 参数，会用同样的方式随机采样。最后，resample 允许提供一个 PIL 重采样过滤器（可选），fillcolor 是一个可选的 int，为最终图像落在最后一个转换之外的区域指定一个填充色。

至于在一个数据增强流水线中应当使用哪些转换，我强烈建议开始时使用各种随机翻转、颜色抖动、旋转和裁剪转换。

torchvision 提供了其他转换，可以查看文档（*https://oreil.ly/b0Q0A*）来了解更多详细信息。不过，当然你可能发现，有时需要针对你的数据域创建一个转换（库中默认地不包含这样一个转换），所以 PyTorch 提供了多种方法来定义定制转换，稍后就会介绍。

颜色空间和 Lambda 转换

提出这个问题看起来可能有些奇怪，不过到目前为止，我们的所有图像工作都是在相当标准的 24 位 RGB 颜色空间中进行的，其中每个像素有 8 位的红、绿和蓝值，来指示这个像素的颜色。不过，还有其他一些颜色空间！

一种流行的选择是 HSV，对应色调（hue）、饱和度（saturation）和明度（value）分别有一个 8 位的值。有些人认为这个系统可以比传统的 RGB 颜色空间更准确地模拟人类视觉。不过，这有什么影响吗？RGB 颜色空间里是一座山，在 HSV 颜色空间里同样是一座山，不是吗？

最近有关彩色化的深度学习研究中有证据表明，其他颜色空间比 RGB 空间生成的准确度会更高一些。没错，山可能确实是山，不过各个空间表示中形成的张量有所不同，可能一个空间能够比另一个空间更好地捕捉数据中的特征。

与组合（ensemble）结合时，可以很容易地创建一系列模型，将在 RGB、HSV、YUV 和 LAB 颜色空间上训练的结果结合起来，使预测的准确度再提高几个百分点。

这里有一个小问题，PyTorch 并没有为此提供一个转换。不过，它确实提供了两个工具，可以用来随机地将一个图像从标准 RGB 颜色空间转换为 HSV（或另一个颜色空间）。首先，如果查看 PIL 文档，可以看到，我们可以使用 Image.convert() 将一个 PIL 图像从一个颜色空间转换到另一个颜色空间。还可以写一个定制 transform 类来完成这个转换，不过 PyTorch 增加了一个 transforms.Lambda 类，从而能很容易地包装任何函数，并在转换流水线中使用。下面是我们的定制函数：

```
def _random_colour_space(x):
    output = x.convert("HSV")
    return output
```

然后把它包装在一个 transforms.Lambda 类中，类似于前面看到的，这可以用在任何标准转换流水线中：

```
colour_transform = transforms.Lambda(lambda x: _random_colour_space(x))
```

如果想把每一个图像都转换为 HSV，这样是可以的，不过实际上我们并不想这么做。我们可能希望随机地改变每个批次中的图像，从而可以在不同的 epoch 中用不同的颜色空间表示图像。可以更新原来的函数来生成一个随机数，并使用这个随机数生成一个改变图像的随机概率，不过，我们甚至可以更懒一些，直接使用 RandomApply：

```
random_colour_transform = torchvision.transforms.RandomApply([colour_transform])
```

默认地，RandomApply 会为参数 p 填入值 0.5，所以会有 50/50 的几率应用转换。可以试着增加更多颜色空间，并尝试以不同的概率应用转换，来看看会对我们的猫和鱼问题有什么影响。

下面来看另一个稍复杂一些的定制转换。

定制转换类

有时一个简单的 lambda 还不够，例如，可能我们有一些初始化或者想要跟踪的状态。在这些情况下，可以创建一个定制转换来处理 PIL 图像数据或张量。这样一个转换类必须实现两个方法：一个方法是 __call__，转换流水线在转换过程中要调用这个方法；另一个方法是 __repr__，它要返回转换的一个字符串表示可能对诊断有用的任何状态。

在下面的代码中，我们实现了一个转换类，它会为一个张量增加随机高斯噪声。初始化这个类时，要传入我们需要的噪声均值和标准分布，在 __call__ 方法中，会从这个分布采样，并增加到输入的张量：

```python
class Noise():
    """Adds gaussian noise to a tensor.

        >>> transforms.Compose([
        >>>     transforms.ToTensor(),
        >>>     Noise(0.1, 0.05)),
        >>> ])

    """
    def __init__(self, mean, stddev):
        self.mean = mean
        self.stddev = stddev

    def __call__(self, tensor):
        noise = torch.zeros_like(tensor).normal_(self.mean, self.stddev)
        return tensor.add_(noise)

    def __repr__(self):
        repr = f"{self.__class__.__name__  }(mean={self.mean},
            stddev={self.stddev})"
        return repr
```

如果把它增加到一个流水线，可以看到调用 __repr__ 方法的结果：

```
transforms.Compose([Noise(0.1, 0.05))])
>> Compose(
    Noise(mean=0.1,sttdev=0.05)
)
```

由于转换没有任何限制，而且只继承了 Python 基类 object，所以你可以做任何事情。想要在运行时把一个图像完全替换为从 Google 图像搜索找到的一个图像？要在一个完全不同的神经网络中运行图像并在流水线中向下传递这个结果？要应用一系列图像转换，将图像转换为它自己的一个疯狂的反射阴影？这些都可以做到，但并不推荐这么做。不过，如果能看看 Photoshop 的 *Twirl* 转换效果会让准确度变差还是变好，这可能很有意思！为什么不试试呢？

除了转换，还有另外一些方法可以尽可能地提高模型的性能。下面再来看几个例子。

从小开始，逐步变大

这里给出一个小技巧：从小开始，逐步变大，尽管看起来有些奇怪，但这确实很有意义。我的意思是，如果你在 256×256 图像上训练，可以多创建几个数据集，其中的图像缩放为 64×64 和 128×128。用 64×64 的数据集创建你的模型，照常进行微调，然后用 128×128 的数据集训练同样的模型。不是从头开始，而是使用之前训练得到的参数。一旦看起来已经最大限度地对这个 128×128 的数据进行了训练，再转向你的目标数据，即 256×256 的数据。你可能发现准确度会有一两个百分点的提升。

尽管我们不知道到底为什么会这样，不过理论是：用较低的分辨率训练时，模型会学习图像的总体结构，随着图像的扩展，可以完善这个知识。但这只是理论。

不过，这仍然可以作为一个很好的小技巧，如果你想让模型再最后提升一点性能，就可以用这一招。

如果你不想在存储中保存多个数据集副本，可以利用 **torchvision** 转换使用 Resize 函数动态生成数据集：

```
resize = transforms.Compose([ transforms.Resize(64),
··· _other augmentation transforms_···
transforms.ToTensor(),
transforms.Normalize([0.485, 0.456, 0.406], [0.229, 0.224, 0.225])
```

这里要付出的代价是训练需要花更长的时间，因为 PyTorch 每次都必须应用 resize。如果提前调整好所有图像的大小，就能更快地运行训练，代价是会占用磁盘上的更多空间。不过，总要做这种取舍，不是吗？

从小开始然后逐步变大的概念也适用于架构。可以使用一个 ResNet 架构（如 ResNet-18 或 ResNet-34）试验转换方法，了解训练是如何工作，与开始时就使用 ResNet-101 或 ResNet-152 模型相比，这样会有一个更紧凑的反馈循环。从小的模型逐步向上构建，通过增加到一个组合模型，可以重用预测时运行的较小模型。

组合

与使用一个模型相比，如何能更好地预测？嗯，用一组模型怎么样？组合（Ensembling）是更传统的机器学习方法中一种相当常用的技术，它在深度学习中也同样能很好地工作。其想法是由一系列模型分别得到一个预测，结合这些预测来生成一个最后的答案。由于不同的模型在不同领域会有不同的优势，所有这些预测结合起来，与单独一个模型相比，可能会生成更准确的结果。

有很多组合方法，我们不会在这里逐一解释。这里只介绍一种使用组合的简单方法，根据我的经验，这又能提高1%的准确度，具体做法只是对预测求平均：

```
# Assuming you have a list of models in models, and input is your input tensor

predictions = [m[i].fit(input) for i in models]
avg_prediction = torch.stack(b).mean(0).argmax()
```

stack 方法将张量数组联合在一起，所以，如果我们要处理猫 / 鱼问题，而且组合中有 4 个模型，最后就会由 4 个 1×2 张量构造一个 4×2 张量。mean 的工作正如你所料，就是计算平均值，不过必须传入一个维度 0，确保它对第一个维度求平均，而不是把所有张量元素都加起来并生成一个标量输出。最后，argmax 选出有最大元素的张量索引，这在前面已经见过。

很容易想到还有更复杂的方法。可以为各个模型的预测增加权重，如果模型得到一个正确或错误的答案，则相应地调整这些权重。该使用什么模型？我发现 ResNets 模型的组合就很好（例如 34、50、101），当然完全可以定期地保存你的模型，并在组合中使用模型在不同时间的不同快照！

小结

第 4 章就要结束了，我们也将告别图像，转而介绍文本。希望你不仅了解了卷积神经网络如何处理图像，还掌握了一些深度学习技术，包括迁移学习、查找学习率、数据增强和组合，并且能够在你的特定应用领域中应用这些技术。

延伸阅读

如果你有兴趣在图像领域更深入地学习，可以参考 Jeremy Howard, Rachel Thomas 和 Sylvain Gugger 的 fast.ai 课程。正如我在前面提到的，这一章中的学习率查找技术就是他们使用的一个技术的简化版本，另外这个课程更深入地介绍了本章中的很多技术。fast.ai 库建立在 PyTorch 之上，所以可以很容易地在图像（以及文本！）领域加以应用。

- Torchvision 文档（*https://oreil.ly/vNnST*）。

- PIL/Pillow 文档（*https://oreil.ly/Jlisb*）。

- Leslie N. Smith，"Cyclical Learning Rates for Training Neural Networks"（2015）（*https://arxiv.org/abs/1506.01186*）。

- Shreyank N. Gowda 和 Chun Yuan，"ColorNet: Investigating the Importance of Color Spaces for Image Classification"（2019）（*https://arxiv.org/abs/1902.00267*）。

第 5 章

文本分类

现在我们要告别图像，把关注点转向另一个领域，这同样是已证明深度学习在传统技术上取得重大进展的一个领域，这就是自然语言处理（natural language processing，NLP）。这方面一个很好的例子是 Google Translate。原先，处理翻译的代码相当庞大，需要 500000 行代码，而基于 TensorFlow 的新系统大约只有 500 行代码，而且比原来的方法表现更好。

最近的突破还体现在将迁移学习（第 4 章介绍过）引入 NLP 问题。基于一些新架构（如 Transformer 架构），创建了类似 OpenAI GPT-2 等网络，这些更大的网络可以生成质量几乎达到人类水平的文本（实际上，OpenAI 没有发布这个模型的权重，就是担心被非法利用）。

这一章会简要介绍循环神经网络和嵌入。然后我们会研究 `torchtext` 库，介绍如何使用这个库利用一个基于 LSTM 的模型完成文本处理。

循环神经网络

如果回顾目前为止我们如何使用基于 CNN 的架构，可以看到，这些架构总是要处理某个时间的一个完整快照。不过，考虑以下的两个句子片段：

The cat sat on the mat. （小猫坐在垫子上）
She got up and impatiently climbed on the chair, meowing for food. （她站起来，急不可耐地爬上椅子，冲着食物喵喵叫）

假设要将这两个句子先后输入一个 CNN，并且问 "where is the cat?" （小猫在哪里？），就会有问题，因为网络没有记忆（memory）的概念。处理时域数据时这一点极其重要（例如，文本、语音、视频和时序数据）[注1]。循环神经网络（Recurrent neural networks，RNN）可以回答这个问题，它通过隐藏状态（hidden state）为神经网络提供了记忆。

RNN 是什么样的？我喜欢的一个解释是："可以把它想象成混合了一个 for 循环的神经网络"。图 5-1 展示了一个经典 RNN 结构的示意图。

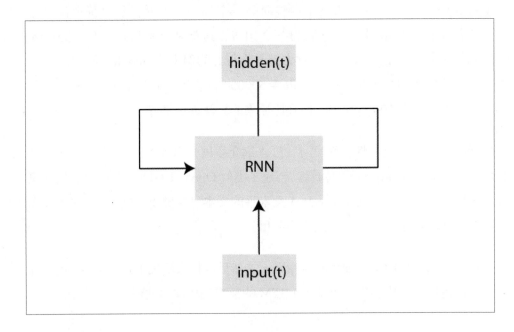

图 5-1：RNN

注 1：　需要说明，用 CNN 做到这些并不是不可能，最近几年对于在时域中应用基于 CNN 的网络做了大量深入的研究。这里我们不做介绍，不过 Colin Lea 等的 "Temporal Convolutional Networks: A Unified Approach to Action Segmentation" （2016）提供了更多相关信息。还有 seq2seq!

在时间步 *t* 增加输入，然后得到一个隐藏（hidden）输出状态 *ht*，这个状态还要在下一个时间步再输入到 RNN。我们可以展开这个网络，更深入地了解发生了什么，如图 5-2 所示。

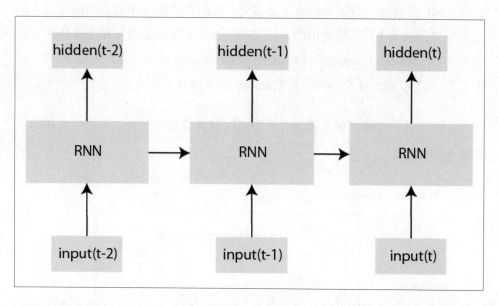

图 5-2：展开的 RNN

这里有一组全连接层（有共享的参数）、一系列输入，以及输出。向网络提供输入数据，然后预测序列中的下一项作为输出。在这个展开的视图中可以看到，可以认为 RNN 是一个全连接层流水线，后续输入提供给序列中的下一层（层之间会插入通常的非线性激活函数，如 ReLU）。有了完整的预测序列时，必须将误差通过 RNN 反向传播。由于这涉及回退网络的步骤，这个过程也称为基于时间的反向传播（backpropagation through time，BPTT）。在整个序列上计算误差，然后如图 5-2 所示展开网络，为每个时间步计算梯度，并组合这些梯度来更新网络的共享参数。可以把它想象为在各个网络上完成反向传播，再把所有梯度累加起来。

这就是 RNN 的理论。不过这个简单结构有一些问题，下面将讨论这些问题，并介绍如何利用更新的架构克服这些问题。

长短期记忆网络

在实际中，不论是以前还是现在，RNN 都存在我们在第 2 章讨论过的梯度消失问题（vanishing gradient），或者可能更糟糕，会有梯度爆炸（exploding gradient）的情况，即误差趋向于无穷大。这两种情况都不好，所以尽管人们认为很多问题对 RNN 是适用的，但实际上 RNN 并不能用来解决这些问题。直到 1997 年 Sepp Hochreiter 和 Jurgen Schmidhuber 引入了 RNN 的一个变形，即长短期记忆（Long Short-Term Memory，LSTM）网络，情况才完全改变。

图 5-3 是一个 LSTM 层的示意图。我知道这里要做很多工作，不过说实在的，并不是很复杂。

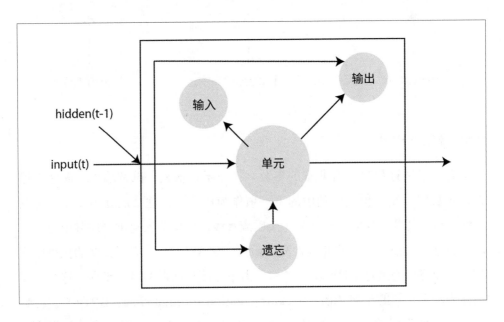

图 5-3：LSTM

我承认看着好像很吓人，关键是要考虑 3 个门（输入门、输出门和遗忘门）。在一个标准 RNN 中，我们会永远"记住"所有一切。不过，我们的大脑并不是这样做的（很遗憾），LSTM 的遗忘门允许我们模拟这种想法，即随着在输入链中不断深入，这个链开始的部分会变得不那么重要。LSTM 的遗忘程度要在训练中学习，所以如果网络强调非常健忘，遗忘门参数就要保证这一点。

单元（cell）最后会成为网络层的"记忆"；输入、输出和遗忘门会确定数据如何流过一层。数据可以简单地直接通过，它可以"写入"单元，而且这个数据可以（或者不可以）流到下一层，由输出门修改。

各个部分的这种组合足以解决梯度消失的问题，而且还有一个好处是可以做到图灵完备（Turing-complete），所以理论上讲，可以利用这样一个网络完成能够在计算机上完成的任何计算。

不过，当然并非仅此而已。在 RNN 领域，自 LSTM 以来还取得了很多进展，我们将在下面的小节中介绍其中一些主要发展。

门控循环单元

从 1997 年以来，已经创建了基本 LSTM 网络的很多变形，其中大多数你可能都不需要了解，除非你很好奇。不过，2014 年提出的一个网络很有必要了解，这就是门控循环单元（gated recurrent unit，GRU），因为它在很多领域都非常流行。图 5-4 展示了 GRU 架构的示意图。

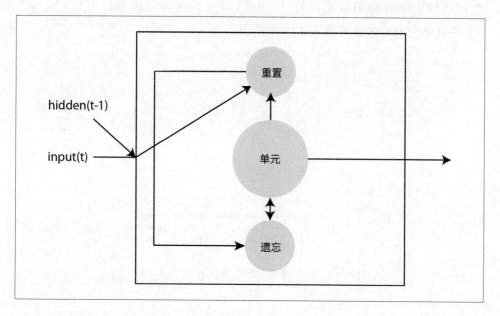

图 5-4：GRU

GRU 的要点是将遗忘门与输出门合并。这意味着，它的参数比 LSTM 少，所以往往训练得更快，而且在运行时使用的资源更少。由于这些原因，另外因为它们基本上可以直接替代 LSTM，所以变得相当流行。不过，严格地讲，由于合并了遗忘门和输出门，GRU 不如 LSTM 能力强，所以一般我的建议是：在你的网络中，GRU 或 LSTM 都可以尝试，看看哪一个表现更好。或者承认 LSTM 训练时可能慢一些，不过最后会得到更好的结果。你不用追随最新潮流－要实事求是！

biLSTM

LSTM 的另一个常见的变形是双向（bidirectional LSTM）或简写为 biLSTM。目前为止我们已经看到，传统 LSTM（和一般的 RNN）会在训练和做决策时查看过去。遗憾的是，有时你还需要查看将来。在翻译或手写识别之类的应用中尤其如此，这些应用中，当前状态之后的情况对于确定输出可能与前一个状态同样重要。

biLSTM 用最简单的方式解决这个问题，它实际上是两个堆叠 LSTM，一个 LSTM 中输入向前传递，另一个 LSTM 中输入向后传递。图 5-5 展示了 biLSTM 如何双向地处理输入来生成输出。

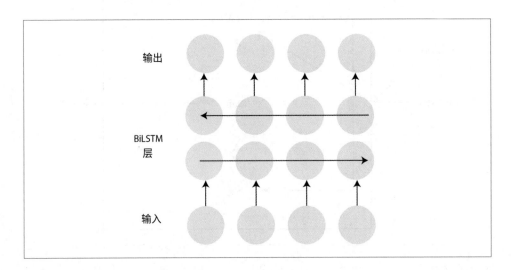

图 5-5：biLSTM

使用 PyTorch 可以很容易地创建 biLSTM，只需要在创建一个 LSTM() 单元时传入参数 bidirectional=True，这一章后面就会看到。

基于 RNN 的架构之旅就结束了。在第 9 章中，学习基于 Transformer 的 BERT 和 GPT-2 模型时我们还会再来讨论架构问题。

嵌入

我们基本上可以开始写代码了！不过在此之前，你可能会注意到一个小细节：如何在一个网络中表示单词？毕竟，我们要向网络输入数字张量，并得到输出的张量。对于图像，显然可以把它们转换为表示红/绿/蓝分量值的张量，而且可以很自然地把它们看作是数组，因为图像本身就有一个高度和宽度。不过单词呢？句子呢？这要如何处理？

最简单的办法还是你在很多 NLP 方法中看到的做法，这称为独热编码（one-hot encoding），这种方法非常简单！下面来看这一章最前面的第一个句子：

    The cat sat on the mat.

如果认为这是这个世界的完整单词表，我们会有一个张量 [the, cat, sat, on, mat]。独热编码就表示要根据单词表的规模创建一个张量，对于其中的每个单词会分配一个向量，各向量中有一个参数设置为 1，其余的设置为 0：

    the — [1 0 0 0 0]
    cat — [0 1 0 0 0]
    sat — [0 0 1 0 0]
    on — [0 0 0 1 0]
    mat — [0 0 0 0 1]

现在我们已经将这些单词转换为向量，下面可以把它们输入到我们的网络。另外，还可以为我们的单词表增加额外的符号，如 UNK（即未知（unknown），表示不在这个单词表中的单词），还有 START/STOP，这标志句子的开始和结束。

独热编码有一些限制，如果向我们的示例单词表再增加一个单词（kitty），就能更清楚地看到这些限制。根据我们的编码机制，*kitty* 要表示为 [0 0 0 0 0 1]（而且所有其他向量要填充一个 0）。首先，可以看到，如果要为实际的单词集建模，我们的向量会非常长，而其中几乎没有什么信息。其次，可能也是更重要的，我们知道单词 *kitty* 和 *cat* 之间存在一种很强的关系（*cat* 和 *dammit* 之间也有关系，不过好在这个单词表里没有这个词），这种关系无法用独热编码表示，这两个单词是完全不同的东西。

最近一种越来越流行的方法是用嵌入矩阵（embedding matrix）取代独热编码（当然，独热编码本身也是一个嵌入矩阵，只不过不包含单词之间关系的任何有关信息）。其思想是压缩向量空间的维度，从而更可管理，并充分利用这个空间本身。

例如，如果有一个二维空间的嵌入，*cat* 可能表示为张量 [0.56，0.45]，*kitten* 表示为 [0.56，0.445]，而 *mat* 可能表示为 [0.2，-0.1]。在向量空间中将类似的单词聚集在一起，可以完成距离检查（如使用欧几里得或余弦距离函数）来确定单词相互之间的接近程度。如何确定单词落在这个向量空间的什么位置呢？嵌入层与我们构建神经网络时目前见过的所有其他层并没有不同，要随机地初始化向量空间，希望训练过程更新参数，使得类似的单词或概念相互靠近。

一个著名的嵌入矩阵例子是 *word2vec*，这是 Google 在 2013 年发布的[注2]。这是使用一个浅神经网络训练的词嵌入集合，展示出向量空间中的转换可以捕捉单词底层概念的有关信息。有一个经常被引用的研究发现：如果为国王（King）、男人（Man）和女人（Woman）建立向量，然后从国王的向量减去男人的向量，再加上女人的向量，你得到的结果会是王后（Queen）的向量表示。在 *word2vec* 之后，还提供了另外一些预训练的嵌入，如 *ELMo*、*GloVe* 和 *fasttext*。

要在 PyTorch 中使用嵌入，这非常简单：

注 2：　参见 Tomas Mikolov 等的 "Efficient Estimation of Word Representations in Vector Space"（2013）。

```
embed = nn.Embedding(vocab_size, dimension_size)
```

这包含一个随机初始化的 vocab_size x dimension_size 的张量。我喜欢把它想成是一个庞大的数组或查找表。单词表中的每个单词会索引到这个张量中的一个元素，每个元素是一个大小为 dimension_size 的向量，所以如果再来看前面猫在垫子上的"冒险"，可以得到类似下面的结果：

```
cat_mat_embed = nn.Embedding(5, 2)
cat_tensor = Tensor([1])
cat_mat_embed.forward(cat_tensor)

> tensor([[ 1.7793, -0.3127]], grad_fn=<EmbeddingBackward>)
```

我们创建了一个嵌入，另外创建了一个张量（包含 *cat* 在单词表中的位置），把这个张量传入这个嵌入层的 forward()。这就得到了我们的随机嵌入。这个结果还指出有一个梯度函数，可以结合一个损失函数用来更新参数。

现在已经介绍了所有相关的理论，下面可以开始具体做些事情了！

torchtext

类似 torchvision，PyTorch 提供了一个官方库 torchtext 来完成文本处理流水线的处理。不过，torchtext 不像 torchvision 那样"久经沙场"，也没有那么多人关注，这意味着它不如 torchvision 那么易于使用，也没有那么充分的文档。不过，这仍是一个很强大的库，可以处理构建基于文本的数据集时的大量繁琐工作，所以这一章后面我们会使用这个库。

安装 torchtext 非常简单。可以使用标准 pip：

```
pip install torchtext
```

或者一个特定的 conda 通道：

```
conda install -c derickl torchtext
```

你可能还想安装 *spaCy*（一个 NLP 库），另外可能还要安装 pandas（假如你的系统上还没有这个工具，同样地，也可以使用 `pip` 或 `conda` 来安装）。我们会在 `torchtext` 流水线中用 *spaCy* 处理文本，另外使用 pandas 分析和清洗数据。

获得数据：来自推特

这一节中，我们会建立一个情绪分析模型，所以先来获得一个数据集。`torchtext` 通过 `torchtext.datasets` 模块提供了一组内置的数据集，不过我们会从头建立一个数据集，从而对如何建立定制数据集以及如何输入到我们创建的模型有所认识。这里将使用 Sentiment140 数据集。这个数据集基于推特推文，每条推文可能标记为 0 表示负面情绪，2 表示中立，4 表示正面情绪。

下载 zip 归档文件并解压缩。我们将使用文件 *training.1600000.processed.noemoticon.csv*。下面使用 pandas 查看这个文件：

```
import pandas as pd
tweetsDF = pd.read_csv("training.1600000.processed.noemoticon.csv",
                        header=None)
```

这里可能会得到类似这样一个错误：

```
UnicodeDecodeError: 'utf-8' codec can't decode bytes in
position 80-81: invalid continuation byte
```

祝贺你，你现在是一个真正的数据科学家，需要考虑数据清洗了！从这个错误消息可以看到，pandas 使用的默认 CSV 解析器（基于 C）不认识这个文件中的一些 Unicode，所以我们要把它转换为基于 Python 的解析器：

```
tweetsDF = pd.read_csv("training.1600000.processed.noemoticon.csv",
engine="python", header=None)
```

下面来看数据的结构，我们显示了前 5 行：

```
>>> tweetDF.head(5)
0  0  1467810672  ...  NO_QUERY  scotthamilton  is upset that ...
1  0  1467810917  ...  NO_QUERY  mattycus       @Kenichan I dived many times ...
2  0  1467811184  ...  NO_QUERY  ElleCTF        my whole body feels itchy
3  0  1467811193  ...  NO_QUERY  Karoli         @nationwideclass no, it's ...
4  0  1467811372  ...  NO_QUERY  joy_wolf       @Kwesidei not the whole crew
```

烦人的是，这个 CSV 中没有标题字段（再一次欢迎你来到数据科学家世界），不过通过查看网站并利用我们的直觉，可以看到我们感兴趣的只是最后一列（推文文本）和第一列（我们的标签）。不过，这些标签不太好，所以下面再完成一些特征工程来做些处理。来看我们的训练集中有多大的数据量：

```
>>> tweetsDF[0].value_counts()
4    800000
0    800000
Name: 0, dtype: int64
```

奇怪的是，训练数据集中没有中立值。这意味着我们可以把这个问题表述为 0 和 1 之间的一个二元选择问题，并由此得出我们的预测，不过对现在来说，我们还是坚持原来的计划，因为将来有可能会有中立的推文。为了把这些类编码为从 0 开始的数字，首先由标签列创建一个 **category** 类型的列：

```
tweetsDF["sentiment_cat"] = tweetsDF[0].astype('category')
```

然后在另一个列中把这些类编码为数值信息：

```
tweetsDF["sentiment"] = tweetsDF["sentiment_cat"].cat.codes
```

再把修改后的 CSV 保存到磁盘：

```
tweetsDF.to_csv("train-processed.csv", header=None, index=None)
```

另外建议使用另一个 CSV 完成测试，其中包含 160 万推文中的一个小样本：

```
tweetsDF.sample(10000).to_csv("train-processed-sample.csv", header=None,
index=None)
```

现在需要告诉 torchtext 在我们看来创建一个数据集时什么最重要。

定义字段

torchtext 采用一种很直接的方法生成数据集：你告诉它想要什么，它会为你处理原始 CSV（或 JSON）。为此，首先要定义字段（field）。Field 类有很多可以指定的参数，不过你可能不会同时用到所有这些参数。表 5-1 提供了一个简明的指南，描述了如何设置一个 Field。

表 5-1：Field 参数类型

参数	描述	默认值
sequential	这个字段是否表示顺序数据（即文本）。如果设置为 False，就不应用标记化（tokenization）	True
use_vocab	是否包含一个 Vocab。如果设置为 False，这个字段应包含数值数据	True
init_token	增加到这个字段开头的一个标记（token），来指示数据的开始	None
eos_token	追加到句子末尾的句末标记	None
fix_length	如果设置为一个整数，所有元素会填充至这个长度。如果为 None，序列长度将是灵活的	None
dtype	张量批次的类型	torch.long
lower	将序列转换为小写	False
tokenize	完成序列标记化的函数。如果设置为 spacy，则使用 spaCy 标记工具	string.split
pad_token	用作为填充的标记	<pad>
unk_token	这个标记用来表示不在 Vocab 字典中的单词	<unk>
pad_first	填充在序列开头	False
truncate_first	在序列开始位置截断（如果需要）	False

前面说过，我们只对标签和推文文本感兴趣。这里使用 Field 数据类型来定义这两个字段：

```
from torchtext import data

LABEL = data.LabelField()
TWEET = data.Field(tokenize='spacy', lower=true)
```

我们将 LABEL 定义为一个 LabelField，这是 Field 的一个子类，它将 sequential 设置为 False（因为这是一个数值类别类）。TWEET 是一个标准 Field 对象，这里我们决定使用 spaCy 标记工具，并把所有文本转换为小写，不过除此以外，其他参数都使用前表中所列的默认值。运行这个例子时，如果建立单词表的步骤要花很长时间，可以尝试去掉 tokenize 参数并重新运行。这会使用默认标记化，也就是只按空白符划分，这样可以大大加快标记化步骤，不过创建的单词表不如 spaCy 创建的单词表好。

定义了这些字段之后，现在需要生成一个列表，将它们映射到 CSV 中的行列表：

```
fields = [('score',None), ('id',None),('date',None),('query',None),
    ('name',None),
    ('tweet', TWEET),('category',None),('label',LABEL)]
```

根据我们声明的字段，现在使用 TabularDataset 对 CSV 应用这个定义：

```
twitterDataset = torchtext.data.TabularDataset(
        path="training-processed.csv",
        format="CSV",
        fields=fields,
        skip_header=False)
```

这可能要花一些时间，特别是使用 spaCy 解析器时。最后，可以使用 split() 方法划分训练、测试和验证集：

```
(train, test, valid) = twitterDataset.split(split_ratio=[0.8,0.1,0.1])
```

```
(len(train),len(test),len(valid))
> (1280000, 160000, 160000)
```

下面是从这个数据集得到的一个例子：

```
>vars(train.examples[7])

{'label': '6681',
 'tweet': ['woah',
  ',',
  'hell',
  'in',
  'chapel',
  'thrill',
  'is',
  'closed',
  '.',
  'no',
  'more',
  'sweaty',
  'basement',
  'dance',
  'parties',
  '?',
  '?']}
```

真是个意外的发现，我随机选择的推文居然提到我在教堂山经常去的一家俱乐部关门了。看看通过挖掘这个数据能不能找到什么奇特的信息！

建立单词表

按照传统做法，这里可以为数据集中出现的每个单词建立一个独热编码，这是一个相当繁琐的过程。好在 torchtext 会为我们完成这个工作，而且可以传入一个 max_size 参数限制单词表只包含最常见的单词。通常都会这样做来避免建立一个庞大、占用太多内存的模型。毕竟，我们不希望 GPU 太过吃力。下面限制单词表最多包含训练集中的 20000 个单词：

```
vocab_size = 20000
TWEET.build_vocab(train, max_size = vocab_size)
```

然后让 vocab 类实例对象在我们的数据集上得出一些结论。首先，我们来问一个传统的问题"单词表有多大？"：

```
len(TWEET.vocab)
> 20002
```

等一下，怎么回事？没错，我们指定了 20000，不过默认地，torchtext 会另外增加两个特定的标记，<unk> 表示未知的单词（例如，由于我们指定 max_size 为 20000 而被去掉的单词），<pad> 是一个填充标记，用来将文本填充为大小大致相同，从而有助于在 GPU 上高效地完成批处理（要记住，GPU 的速度来自于定期的批操作）。声明一个字段时还可以指定 eos_token 或 init_token 符号，不过默认不包含这些符号。

下面来看单词表中最常见的单词：

```
>TWEET.vocab.freqs.most_common(10)
[('!', 44802),
 ('.', 40088),
 ('I', 33133),
 (' ', 29484),
 ('to', 28024),
 ('the', 24389),
 (',', 23951),
 ('a', 18366),
 ('i', 17189),
 ('and', 14252)]
```

不出所料，因为我们没有用 spaCy 标记工具去除终止词（stop-words）（原因是，这只有 140 个字符，如果去掉这些词，我们的模型有可能丢失太多信息）。

我们的数据集基本上完成了。只需要创建一个数据加载器将它输入到我们的训练循环。torchtext 提供了 BucketIterator 方法，它会生成一个批次（Batch），这与我们在图像上使用的数据加载器基本类似，但不完全一样（稍后你会看到，必须更新训练循环来处理 Batch 接口的一些特别之处）。

```
train_iterator, valid_iterator, test_iterator = data.BucketIterator.splits(
(train, valid, test),
```

```
batch_size = 32,
device = device)
```

把所有这些综合在一起，下面是建立数据集的完整代码：

```
from torchtext import data

device = "cuda"
LABEL = data.LabelField()
TWEET = data.Field(tokenize='spacy', lower=true)

fields = [('score',None), ('id',None),('date',None),('query',None),
        ('name',None),
        ('tweet', TWEET),('category',None),('label',LABEL)]

twitterDataset = torchtext.data.TabularDataset(
        path="training-processed.csv"" ,
        format="CSV",
        fields=fields,
        skip_header=False)

(train, test, valid) = twitterDataset.split(split_ratio=[0.8,0.1,0.1])

vocab_size = 20002
TWEET.build_vocab(train, max_size = vocab_size)

train_iterator, valid_iterator, test_iterator = data.BucketIterator.splits(
(train, valid, test),
batch_size = 32,
device = device)
```

完成数据处理后，下面来定义模型。

创建模型

我们要使用 PyTorch 中的 Embedding 和 LSTM 模块（在这一章前半部分讨论过），
建立一个对推文分类的简单模型：

```
import torch.nn as nn

class OurFirstLSTM(nn.Module):
    def __init__(self, hidden_size, embedding_dim, vocab_size):
        super(OurFirstLSTM, self).__init__()
```

```
        self.embedding = nn.Embedding(vocab_size, embedding_dim)
        self.encoder = nn.LSTM(input_size=embedding_dim,
                hidden_size=hidden_size, num_layers=1)
        self.predictor = nn.Linear(hidden_size, 2)

    def forward(self, seq):
        output, (hidden,_) = self.encoder(self.embedding(seq))
        preds = self.predictor(hidden.squeeze(0))
        return preds

model = OurFirstLSTM(100,300, 20002)
model.to(device)
```

这个模型所做的就是创建 3 个层。首先，推文中的单词要推入一个 Embedding 层，这建立为一个 300 维的向量嵌入。然后输入到一个有 100 个隐藏特征的 LSTM（同样地，与处理图像时一样，要对 300 维的输入进行压缩）。最后，LSTM 的输出（处理输入推文后的最终隐藏状态）要经过一个标准的全连接层，得到 3 个输出，分别对应 3 个可能的类（负面、正面或中立）。接下来我们来看训练循环！

更新训练循环

由于 torchtext 的一些特殊性质，我们要写一个稍有修改的训练循环。首先，创建一个优化器（还是与以往一样使用 Adam）和一个损失函数。因为我们为每个推文指定 3 个可能的类，所以使用 CrossEntropyLoss() 作为损失函数。不过，其实数据集中只有 2 个类；如果假设只有两个类，实际上可以修改模型的输出，生成一个 0~1 之间的数，再使用二元交叉熵（binary cross-entropy，BCE）损失函数（另外，可以结合 sigmoid 层，将 0 到 1 之间的输出加上 BCE 层组合为一个 PyTorch 损失函数 BCEWithLogitsLoss()）。之所以提到这一点，这是因为如果你要写一个分类器，而且结果总是某一个或另一个状态（二选一），与我们要使用的标准交叉熵损失相比，BCE 损失可能更合适。

```
optimizer = optim.Adam(model.parameters(), lr=2e-2)
criterion = nn.CrossEntropyLoss()
```

```
def train(epochs, model, optimizer, criterion, train_iterator, valid_iterator):
    for epoch in range(1, epochs + 1):

        training_loss = 0.0
        valid_loss = 0.0
        model.train()
        for batch_idx, batch in enumerate(train_iterator):
            opt.zero_grad()
            predict = model(batch.tweet)
            loss = criterion(predict,batch.label)
            loss.backward()
            optimizer.step()
            training_loss += loss.data.item() * batch.tweet.size(0)
        training_loss /= len(train_iterator)


        model.eval()
        for batch_idx,batch in enumerate(valid_iterator):
            predict = model(batch.tweet)
            loss = criterion(predict,batch.label)
            valid_loss += loss.data.item() * x.size(0)

        valid_loss /= len(valid_iterator)
        print( 'Epoch: {}, Training Loss: {:.2f},
        Validation Loss: {:.2f}' .format(epoch, training_loss, valid_loss))
```

这个新的训练循环中要注意的要点是，必须引用 batch.tweet 和 batch.label
来得到我们感兴趣的特定字段，不能像 torchvision 中那样从枚举器得到。

一旦使用这个函数完成了模型的训练，可以用它对一些推文进行分类，完成
简单的情绪分析。

推文分类

torchtext 的另一个麻烦是用它做预测有些困难。你能做的只是列出内部发生
的处理流水线，并在这个流水线的输出上做出所需的预测，如下面这个小函
数所示：

```
def classify_tweet(tweet):
    categories = {0: "Negative", 1:"Positive"}
```

```
processed = TWEET.process([TWEET.preprocess(tweet)])
return categories[model(processed).argmax().item()]
```

必须调用 `preprocess()`，这会完成基于 spaCy 的标记化。在此之后，调用
`process()` 根据已建立的单词表将标记处理为一个张量。要当心的一点是，
torchtext 会得到一批字符串，所以在传递到处理函数之前，必须把它转换为
一个列表的列表，然后输入模型。这会生成类似下面的一个张量：

```
tensor([[ 0.7828, -0.0024]])
```

有最大值的张量元素就对应模型选出的类，所以我们使用 `argmax()` 来得到这
个元素的索引，然后使用 `item()` 将这个 0 维张量转换为一个 Python 整数，
以这个整数作为索引访问我们的 `categories` 字典。

完成了模型训练后，下面来看如何使用第 2~4 章学习的另外一些技巧和技术。

数据增强

你可能想知道如何增强文本数据。毕竟，不能像对图像那样将文本水平翻转！
不过，确实可以对文本使用一些技术，从而为模型提供更多信息来进行训练。
首先，可以把句子中的单词替换为同义词，如下：

```
The cat sat on the mat
```

可以变为：

```
The cat sat on the rug
```

除了猫坚持认为 *rug* 比 *mat* 柔软得多，这个句子的意思并没有变。不过 *mat*
和 *rug* 会映射到单词表中不同的索引，所以模型会学习到这两个句子映射到
相同的标签，而且很有可能这两个单词之间存在某种联系，因为句子中的所
有其他单词都是一样的。

去年年初，"EDA: Easy Data Augmentation Techniques for Boosting Performance on Text Classification Tasks" 一文建议了另外 3 种增强策略：随机插入、随机交换和随机删除。下面来分别介绍。[注3]

随机插入

随机插入（random insertion）技术会查看一个句子，然后随机地在句子中插入 n 次现有非终止词的同义词。假设你有一种方法能得到一个单词的同义词，另外有一种删除终止词的方法（类似 *and, it, the* 等等常用词），在这个函数中，这两个方法分别表示为 get_synonyms() 和 get_stopwords()（不过这里没有具体实现这两个方法），这个函数的实现如下所示：

```
def random_insertion(sentence,n):
    words = remove_stopwords(sentence)
    for _ in range(n):
        new_synonym = get_synonyms(random.choice(words))
        sentence.insert(randrange(len(sentence)+1), new_synonym)
    return sentence
```

下面是一个实际的例子，这里替换了 cat：

```
The cat sat on the mat
The cat mat sat on feline the mat
```

随机删除

顾名思义，随机删除（random deletion）就是从句子删除单词。给定一个概率参数 p，会通读这个句子，根据这个随机概率决定是否删除一个单词：

```
def random_deletion(words, p=0.5):
    if len(words) == 1:
        return words
    remaining = list(filter(lambda x: random.uniform(0,1) > p,words))
    if len(remaining) == 0:
        return [random.choice(words)]
```

注3： 参见 Jason W. Wei 和 Kai Zou 的 "EDA: Easy Data Augmentation Techniques for Boosting Performance on Text Classification Tasks" （2019）。

```
        else
            return remaining
```

这个实现处理了边界情况，如果只有一个单词，这个技术会返回这个单词，如果最后删除了句子中的所有单词，这个技术会从原数据集抽取一个随机的单词。

随机交换

随机交换（random swap）增强技术将一个句子中的单词交换 n 次，每次迭代处理之前交换的句子。下面给出一个实现：

```
def random_swap(sentence, n=5):
    length = range(len(sentence))
    for _ in range(n):
        idx1, idx2 = random.sample(length, 2)
        sentence[idx1], sentence[idx2] = sentence[idx2], sentence[idx1]
    return sentence
```

我们根据句子的长度抽取两个随机数，然后不断交换，直到达到 n 次。

使用少量有标签例子时（约 500 个），这个 EDA 文章中的技术平均可以使准确度提高 3%。 如果数据集中有超过 5000 个例子，文章指出这个改进会降低到 0.8% 以下，原因是相比于 EDA 提供的改进，模型可以从更大量的数据得到更好的泛化能力。

回译

增强数据集的另一种常用方法是回译或还原翻译（back translation）。这是指将一个句子从我们的目标语言翻译为一个或多个其他语言，然后再把那些句子回译为原来的语言。可以使用 Python 库 googletrans 达到这个目的。要用 pip 安装 googletrans，因为写这本书时 conda 中还没有这个库：

```
pip install googletrans
```

然后，可以把我们的句子从英语翻译成法语，再回译为英语：

```
import googletrans
import googletrans.Translator

translator = Translator()

sentences = ['The cat sat on the mat']

translation_fr = translator.translate(sentences, dest='fr')
fr_text = [t.text for t in translations_fr]
translation_en = translator.translate(fr_text, dest='en')
en_text = [t.text for t in translation_en]
print(en_text)

>> ['The cat sat on the carpet']
```

这会为我们提供一个从英语到法语再从法语到英语的增强句子，不过下面会更进一步，随机地选择一个语言：

```
import random

available_langs = list(googletrans.LANGUAGES.keys())
tr_lang = random.choice(available_langs)
print(f"Translating to {googletrans.LANGUAGES[tr_lang]}")

translations = translator.translate(sentences, dest=tr_lang)
t_text = [t.text for t in translations]
print(t_text)

translations_en_random = translator.translate(t_text, src=tr_lang, dest='en')
en_text = [t.text for t in translations_en_random]
print(en_text)
```

在这里，我们使用 **random.choice** 来获取一个随机语言，将句子翻译为这种语言，然后像前面一样再翻译回来。我们还将这个语言传递到 **src** 参数，这是为了帮助 Google Translate 检测语言。可以试一试，看它与经典的老游戏 *Telephone* 是不是很像。

要注意几个限制。首先，一次最多只能翻译 15000 个字符，不过如果你只是翻译句子，这应该不是大问题。其次，如果要用在一个很大的数据集上，可能更应该在一个云实例上完成数据增强，而不是使用你的家用计算机，因为如果 Google 限制了你的 IP，你就无法正常使用 Google Translate！确保一次发送少量批次，而不要一下子发送整个数据集。这样一来，如果 Google Translate 后端有错误，你还可以重启翻译批次。

增强和 torchtext

你可能已经注意到，目前为止我谈到的有关增强的所有内容都不涉及 torchtext。很遗憾，这是有原因的。与 torchvision 或 torchaudio 不同，torchtext 没有提供一个转换流水线，这有些烦人。它确实提供了一种方法来完成预处理和后处理，但是只能在标记（单词）级操作，对于同义词替换可能是足够的，但是对于回译之类工作则无法提供足够的控制。而且，如果确实想要拦截流水线来完成增强，可能也要在预处理流水线中完成，而不是后处理流水线，因为其中只能看到包含整数的张量，要通过 vocab 规则映射到单词。

由于这些原因，我建议不要那么麻烦地花时间尝试修改 torchtext 来完成数据增强。实际上，可以使用回译等技术在 PyTorch 之外完成增强，生成新数据并输入到模型中，就好像它们是真正的数据一样。

以上介绍了数据增强，不过在翻到下一章之前还有一个重要问题要解决。

迁移学习？

你可能奇怪为什么我们还没有谈到迁移学习。毕竟，创建基于图像的模型时，这是创建准确模型的一个关键技术，为什么不能在这里使用？实际上，在 LSTM 网络上使用迁移学习确实要困难一些。不过也不是不可能。我们会在第 9 章再来讨论这个问题，在那一章你会了解如何在基于 LSTM 和 Transformer 的网络上应用迁移学习。

小结

这一章中，我们介绍了一个包括编码和嵌入的文本处理流水线、一个基于 LSTM 用来分类的简单神经网络，以及文本数据可用的一些数据增强策略。

目前为止，可以在很多方面做些试验。我选择在标记化阶段将各个推文变为小写。这是 NLP 中的一种常用方法，不过这可能会丢失推文中的一些潜在信息。可以想想看：在我们眼里，与"Why is this not working?"相比，"Why is this NOT WORKING?"看起来负面情绪更强烈，但是在它达到模型之前，由于改为小写，我们就丢失了这两个推文之间的差别。所以一定要在标记化文本中保持原来的大小写。试着从输入文本中删除终止词，看看这是否有助于提高准确度。传统的 NLP 方法非常强调删除终止词，不过我经常发现，在输入中保留终止词时（就像这一章中的做法），深度学习技术表现得更好。这是因为它们为模型提供了更多上下文可以从中学习，而把句子缩减为只包含重要单词可能会丢失文本中的一些细节。

你可能还想修改嵌入向量的大小。对于要建立模型的单词，更大的向量意味着嵌入可以捕捉这些单词的更多信息，其代价是要使用更多内存。可以尝试从 100 维到 1000 维的嵌入，看看对训练时间和准确度有什么影响。

最后，还可以试验 LSTM。在这里我们使用了一个简单的方法，不过你可以增加 num_layers 来创建堆叠 LSTM，还可以增加或减少层中隐藏特征数，或者设置 bidirectional=true 来创建一个 biLSTM。将整个 LSTM 替换为一个 GRU 层也是一个很有意思的尝试，这样是不是训练得更快？会不会更准确？试试看！

这一章结束的同时，我们也将从文本转向音频（将使用 torchaudio）。

延伸阅读

- S. Hochreiter 和 J. Schmidhuber，"Long Short-term Memory"（1997）（*https://oreil.ly/WKcxO*）。

- Kyunghyun Cho 等，"Learning Phrase Representations Using RNN Encoder-Decoder for Statistical Machine Translation"（2014）（*https://arxiv.org/abs/1406.1078*）。

- Zhiheng Huang 等，"Bidirectional LSTM-CRF Models for Sequence Tagging"（2015）（*https://arxiv.org/abs/1508.01991*）。

- Ashish Vaswani 等，"Attention Is All You Need"（2017）（*https://arxiv.org/abs/1706.03762*）。

第 6 章

声音之旅

深度学习最成功的应用之一每天都伴随我们左右。不论是 Siri 还是 Google Now，支持这两个系统以及 Amazon Alexa 的引擎都是神经网络。这一章中，我们要介绍 PyTorch 的 `torchaudio` 库。你会了解如何使用这个库构造一个流水线，利用一个基于卷积的模型对音频分类。在此之后，我会建议一种不同的方法，使你能利用之前学习的有关图像的技巧，在 ESC-50 音频数据集上得到很好的准确度。

不过，首先我们来看声音本身。声音是什么？通常如何用数据形式表示？另外这是否能为我们提供一些线索，告诉我们应当使用哪种类型的神经网络来得到这些数据的内在信息？

声音

声音是通过空气的振动产生的。我们听到的所有声音都是高压和低压的组合，通常用波形表示，如图 6-1 所示的波形。在这个图中，原点以上的波是高压，原点以下的部分是低压。

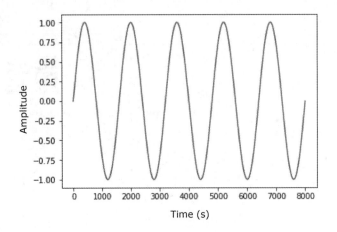

图 6-1：正弦波形

图 6-2 显示了一首完整歌曲的更复杂的波形。

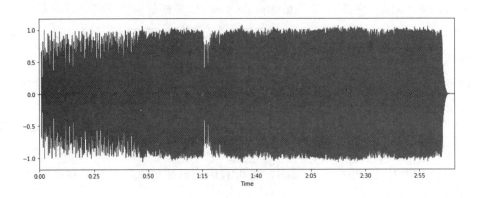

图 6-2：歌曲波形

在数字声音中,会每秒多次采样这个波形(按照传统做法,对于 CD 质量的声音,采样次数为 44100),并存储每个采样点的波幅值。在时间 t 会存储一个值。这与图像稍有区别,图像需要两个数 x 和 y 来存储图像中的一个值(对于一个灰度图像)。如果在神经网络中使用卷积过滤器,我们需要一个一维过滤器,而不像处理图像时要使用二维过滤器。

既然对声音有了一些了解,下面先来熟悉我们要使用的数据集。

ESC-50 数据集

环境声音分类（Environmental Sound Classification，ESC）数据集是一个现场录音集合，每个录音时长 5 秒，指定为 50 个类之一（例如，狗叫、打呼噜、敲门）。这一章后面我们会使用这个数据集试验两种音频分类方法，并研究如何使用 torchaudio 简化音频的加载和管理。

得到数据集

ESC-50 数据集是一个 WAV 文件集。可以通过克隆 Git 存储库下载：

```
git clone https://github.com/karoldvl/ESC-50
```

或者也可以直接使用 curl 下载整个 repo：

```
curl https://github.com/karoldvl/ESC-50/archive/master.zip
```

所有 WAV 文件存储在 *audio* 目录中，文件名类似这样：

```
1-100032-A-0.wav
```

我们关心的是文件名中最后的数字，因为这会告诉我们这个声音剪辑指定为哪一个类别。文件名的其他部分对我们来说并不重要，它们主要与更大的 Freesound 数据集相关（ESC-50 就是从中抽取的），但有一个例外，稍后我还会说明。如果你有兴趣了解更多有关信息，ESC-50 repo 中的 *README* 文档给出了更多细节。

既然已经下载了这个数据集，下面来看其中包含的一些声音。

在 Jupyter 中播放音频

如果你想真正听到 ESC-50 中的一个声音，而不是把某个文件加载到一个标准音乐播放器（如 iTunes），可以使用 Jupyter 的内置音频播放器 IPython.display.Audio：

```
import IPython.display as display
display.Audio('ESC-50/audio/1-100032-A-0.wav')
```

这个函数会读入我们的 WAV 文件和 MP3 文件。你也可以生成张量，将它们转换为 NumPy 数组并直接播放。可以播放 ESC-50 目录中的一些文件，来感受一下这个数据集提供的声音。完成之后，我们来更深入地探索这个数据集。

探索 ESC-50

处理一个新数据集时，在具体构建模型之前，最好先对数据的形状有所认识，这总是一个好主意。例如，在分类任务中，你可能想知道数据集是否包含所有可能类别的例子，理想情况下，最好所有类别的数据量相等。下面来看 ESC-50 的组成。

 如果你的数据集中数据量不平衡（unbalanced），一个简单的解决方案是随机地复制较小类别的例子，直到其数量增加到与其他类别的数量相等。尽管这看起来像造假，但让人惊奇的是，在实际中这种做法非常有效（成本也很低）。

我们知道，每个文件名中最后一组数字描述了它属于哪一类，所以我们要做的就是获得一个文件列表，统计每一类的出现次数：

```
import glob
from collections import Counter

esc50_list = [f.split("-")[-1].replace(".wav","")
        for f in
        glob.glob("ESC-50/audio/*.wav")]
Counter(esc50_list)
```

首先，建立一个 ESC-50 文件名列表。因为我们只关心文件名最后的类别号，所以去掉 .wav 扩展名，并按 - 分隔符拆分文件名。最后取出这个拆分字符串中的最后一个元素。如果检查 esc50_list，会得到范围从 0 到 49 的一组字符

串。我们也可以多写一些代码建立一个 dict 来为我们统计所有出现次数，不过我太懒了，所以这里使用了一个 Python 便利函数 Counter，它会为我们完成所有这些工作。

下面是我们得到的输出！

```
Counter({'15': 40,
    '22': 40,
    '36': 40,
    '44': 40,
    '23': 40,
    '31': 40,
    '9': 40,
    '13': 40,
    '4': 40,
    '3': 40,
    '27': 40,
    …})
```

我们得到一个很少有的结果：一个完美的平衡数据集。来开香槟庆祝一下，再安装几个稍后会用到的库。

SoX 和 LibROSA

torchaudio 完成的大多数音频处理都依赖于另外两个软件：SoX 和 LibROSA。LibROSA 是一个用于音频分析的 Python 库，包括生成梅尔声谱图（这一章后面会了解这是什么）、检测节拍，甚至可以生成音乐。

如果你使用 Linux 已经有很多年，可能早已对 SoX 程序非常熟悉。实际上，SoX 太古老了，甚至比 Linux 本身还要早。它的第一个版本是 1991 年 7 月发布的，相比之下，Linux 在 1991 年 9 月才问世。我记得 1997 年曾经在我的第一台 Linux 机器上用这个程序将 WAV 转换为 MP3。不过现在它仍然很有用！[注1]

注 1： 理解 *SoX* 能做的全部工作（*http://sox.sourceforge.net/*）超出了本书的范围，而且对于学习这一章后面的内容也没有必要。

如果你是通过 conda 来安装 torchaudio，可以直接跳到下一节。如果你使用的是 pip，可能需要安装 *SoX* 本身。对于一个基于 Red Hat 的系统，输入以下命令：

```
yum install sox
```

或者在一个基于 Debian 的系统上，可以使用以下命令：

```
apt intall sox
```

一旦安装了 *SoX*，下面来继续安装 torchaudio 本身。

torchaudio

可以用 conda 或 pip 安装 torchaudio：

```
conda install -c derickl torchaudio
pip install torchaudio
```

与 torchvision 相比，torchaudio 更类似 torchtext ，因为它同样不太受关注，没有得到那么好的维护，也没有那么充分的文档。我希望，随着 PyTorch 越来越流行，而且随着更好的文本和音频处理流水线的出现，在不远的将来这种情况会改变。不过，torchaudio 完全能满足我们的需要，我们只需要写一些定制数据加载器（对于图像或文本处理则不需要这么做）。

总之，torchaudio 的核心在于 load() 和 save()。这一章我们只关心 load()，不过如果你要由输入生成新音频（例如，一个文本到语音的模型），就需要使用 save()。load() 接受 filepath 中指定的一个文件，返回这个音频文件的一个张量表示，并返回这个音频文件的采样率作为一个单独的变量。

现在我们了解了从 ESC-50 数据集加载一个 WAV 文件并把它转换为一个张量的方法。与之前对文本和图像的处理不同，在具体创建和训练一个模型之前，我们还需要多写一些代码。我们要写一个定制数据集（dataset）。

构建一个 ESC-50 数据集

第 2 章讨论过数据集，不过 torchvision 和 torchtext 会为我们完成所有艰巨的工作，所以我们不用太操心具体细节。你可能还记得，定制数据集必须实现两个类方法：__getitem__ 和 __len__，使数据加载器能得到一批张量及其标签，以及得到数据集中的张量总数。另外还有一个 __init__ 方法来设置诸如文件路径等会反复使用的信息。

下面是我们的第一个 ESC-50 数据集：

```
class ESC50(Dataset):

    def __init__(self,path):
        # Get directory listing from path
        files = Path(path).glob('*.wav')
        # Iterate through the listing and create a list of tuples (filename, label)
        self.items = [(f,int(f.name.split("-")[-1]
                        .replace(".wav",""))) for f in files]
        self.length = len(self.items)

    def __getitem__(self, index):
        filename, label = self.items[index]
        audio_tensor, sample_rate = torchaudio.load(filename)
        return audio_tensor, label

    def __len__(self):
        return self.length
```

这个类中大部分工作都发生在创建它的一个新实例时。__init__ 方法得到 path 参数，查找这个路径中的所有 WAV 文件，然后生成 *(filename, label)* 元组，这里使用本章前面同样的字符串拆分来得到这个音频样本的标签。PyTorch 从数据集请求一个元素时，我们会利用索引访问 items 列表，然后使用 torchaudio.load 让 torchaudio 加载这个音频文件，把它转换为一个张量，再返回这个张量和标签。

作为开始这样已经足够了。为了完成完整性检查，下面创建一个 ESC50 对象，并提取第一项：

```
test_esc50 = ESC50(PATH_TO_ESC50)
tensor, label = list(test_esc50)[0]

tensor
tensor([-0.0128, -0.0131, -0.0143,  ...,  0.0000,  0.0000,  0.0000])

tensor.shape
torch.Size([220500])

label
'15'
```

可以使用标准 PyTorch 结构来构造一个数据加载器：

```
example_loader = torch.utils.data.DataLoader(test_esc50, batch_size = 64,
shuffle = True)
```

不过在此之前，先考虑一下我们的数据。你可能记得，总是要创建训练、验证和测试集。但目前我们只有一个目录，其中包含所有数据，对我们来说这是不行的。按 60/20/20 的比例将数据划分为训练、验证和测试集应该就可以了。为此，现在可以从整个数据集抽取随机样本（注意使用不放回的采样，并且确保新构造的数据集仍是平衡的），不过，同样的，ESC-50 数据集使我们不用做太多工作。这个数据集的编译器将数据划分为同样大小的平衡的 5 "折"（folds），由文件名中的第一位指示。我们让 1,2,3 折作为训练集，4 折作为验证集，5 折作为测试集。不过，如果你不想这么乏味和连续，也可以随意混合！将各折数据移至 *test*、*train* 和 *validation* 目录：

```
mv 1* ../train
mv 2* ../train
mv 3* ../train
mv 4* ../valid
mv 5* ../test
```

现在可以创建各个数据集和加载器了：

```
from pathlib import Path

bs=64
PATH_TO_ESC50 = Path.cwd() / 'esc50'
```

```
path = 'test.md'
test

train_esc50 = ESC50(PATH_TO_ESC50 / "train")
valid_esc50 = ESC50(PATH_TO_ESC50 / "valid")
test_esc50  = ESC50(PATH_TO_ESC50 / "test")

train_loader = torch.utils.data.DataLoader(train_esc50, batch_size = bs,
             shuffle = True)
valid_loader = torch.utils.data.DataLoader(valid_esc50, batch_size = bs,
             shuffle = True)
test_loader  = torch.utils.data.DataLoader(test_esc50, batch_size = bs,
             shuffle = True)
```

既然已经建立了所有数据，下面来看一个分类模型。

用于 ESC-50 的一个 CNN 模型

作为对声音分类的第一次尝试，我们建立的模型很大程度上借鉴了"Very Deep Convolutional Networks For Raw Waveforms"[注2]一文的内容。你会看到，它使用了第3章中的很多构建模块，不过没有使用二维层，而是使用了一维层，因为我们的音频输入中少一个维度：

```
class AudioNet(nn.Module):
    def __init__(self):
        super(AudioNet, self).__init__()
        self.conv1 = nn.Conv1d(1, 128, 80, 4)
        self.bn1 = nn.BatchNorm1d(128)
        self.pool1 = nn.MaxPool1d(4)
        self.conv2 = nn.Conv1d(128, 128, 3)
        self.bn2 = nn.BatchNorm1d(128)
        self.pool2 = nn.MaxPool1d(4)
        self.conv3 = nn.Conv1d(128, 256, 3)
        self.bn3 = nn.BatchNorm1d(256)
        self.pool3 = nn.MaxPool1d(4)
        self.conv4 = nn.Conv1d(256, 512, 3)
        self.bn4 = nn.BatchNorm1d(512)
```

注2：参见 Wei Dai 等的"Very Deep Convolutional Neural Networks for Raw Waveforms"
      (2016)。

```
        self.pool4 = nn.MaxPool1d(4)
        self.avgPool = nn.AvgPool1d(30)
        self.fc1 = nn.Linear(512, 10)

    def forward(self, x):
        x = self.conv1(x)
        x = F.relu(self.bn1(x))
        x = self.pool1(x)
        x = self.conv2(x)
        x = F.relu(self.bn2(x))
        x = self.pool2(x)
        x = self.conv3(x)
        x = F.relu(self.bn3(x))
        x = self.pool3(x)
        x = self.conv4(x)
        x = F.relu(self.bn4(x))
        x = self.pool4(x)
        x = self.avgPool(x)
        x = x.permute(0, 2, 1)
        x = self.fc1(x)
        return F.log_softmax(x, dim = 2)
```

还需要一个优化器和一个损失函数。对于优化器，还是像以前一样使用 Adam，不过你认为我们应该使用什么损失函数呢（如果你回答 CrossEntropyLoss，真棒，可以给自己一个奖励）？

```
audio_net = AudioNet()
audio_net.to(device)
```

创建模型后，保存我们的权重，并使用第 4 章中的 find_lr() 函数：

```
audio_net.save("audionet.pth")
import torch.optim as optim
optimizer = optim.Adam(audionet.parameters(), lr=0.001)
logs,losses = find_lr(audio_net, nn.CrossEntropyLoss(), optimizer)
plt.plot(logs,losses)
```

从图 6-3 可以确定适当的学习率为 1e-5 左右（根据哪个地方下降最快）。将它设置为我们的学习率，并重新加载模型的初始权重：

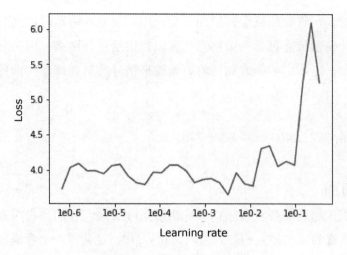

图 6-3：AudioNet 学习率图

```
lr = 1e-5
model.load("audionet.pth")
import torch.optim as optim
optimizer = optim.Adam(audionet.parameters(), lr=lr)
```

将这个模型训练 20 个 epoch：

```
train(audio_net, optimizer, torch.nn.CrossEntropyLoss(),
train_data_loader, valid_data_loader, epochs=20)
```

训练之后，会发现在我们的数据集上，这个模型的准确度约为 13%~17%。如果只是随机地从 50 个类别中选择一个，相应的概率为 2%，相比之下，这个模型的准确度比随机选择的准确度（2%）要好。不过，我们还可以做得更好。下面来研究分析音频数据的另一种不同方法，这种方法可以得到更好的结果。

转入频域

如果返回去查看关于 ESC-50 的 GitHub 页面，你会看到一个神经网络架构及其准确度分数的排行榜。可以注意到，相比之下，我们做得并不好。当然可以继续扩展我们创建的模型，让它层次更深，这可能会让准确度有一点提高，但是要得到真正的性能提升，我们需要转换域。在音频处理中，可以像之前那样处理纯波形，但大多数情况下，都会在频域（frequency domain）操作。

这种不同的表示将原始波形转换为一个视图，会显示给定时间点的所有声音频率。这种表示可能包含更多信息，可以提供给神经网络，因为它能直接处理那些频率，而不需要确定如何将原始波形信号映射到模型可以使用的某个数据。

下面来看如何用 *LibROSA* 生成频谱图。

梅尔声谱图

以往，要进入频域需要对音频信号应用傅里叶变换。我们要再深入一点，会生成梅尔尺度的声谱图。梅尔尺度（mel scale）定义了一个音高尺度，音高相互之间的距离相等，在这里 1000 mels = 1000 Hz。这是音频处理中常用的一个尺度，特别是在语音识别和分类应用中。

用 *LibROSA* 生成一个梅尔声谱图只需要两行代码：

```
sample_data, sr = librosa.load("ESC-50/train/1-100032-A-0.wav", sr=None)
spectrogram = librosa.feature.melspectrogram(sample_data, sr=sr)
```

这会得到一个包含声谱图数据的 NumPy 数组。如图 6-4 所示显示这个声谱图，可以看到声音的频率：

```
librosa.display.specshow(spectrogram, sr=sr, x_axis='time', y_axis='mel')
```

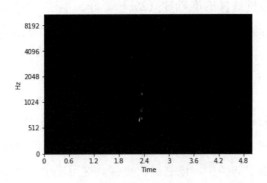

图 6-4：梅尔声谱图

不过，这个图中并没有太多信息。我们可以做得更好！如果将声谱图转换为对数尺度，就能看到音频结构的更多信息，因为这个尺度可以表示更大范围的值。这在音频处理中相当常见，所以 LibROSA 为此包含了一个方法：

```
log_spectrogram = librosa.power_to_db(spectrogram, ref=np.max)
```

这会计算尺度因子 10 × log10(spectrogram / ref)。ref 默认为 1.0，不过这里我们传入了 np.max()，使得 spectrogram / ref 会落在 [0,1] 范围内。图 6-5 显示了新的声谱图。

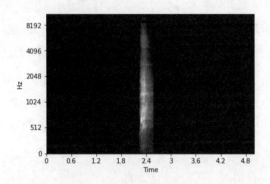

图 6-5：对数梅尔声谱图

现在有了一个对数尺度的梅尔声谱图！如果调用 log_spectrogram.shape，会看到这是一个二维张量，这是有道理的，因为我们已经用这个张量画出了图像。当然可以创建一个新的神经网络架构，并输入这个新数据，不过我还有一个"阴谋"。我们直接生成了声谱图数据的图像。为什么不处理这些数据呢？

乍一看好像有点傻：毕竟我们已经有了底层声谱图数据，这比图像表示更准确（对肉眼来讲，如果知道一个数据点是 58 而不是 60，这比看到一个不同的形状（比如说紫色形状）更有意义）。如果从头开始学习，确实是这样。但是！我们有一些现成的、已经训练的网络，如 ResNet 和 Inception，我们知道，这些网络非常擅长识别图像的结构和其他部分。我们可以构造音频的图像表示，并使用一个预训练的网络，这样就能再次利用迁移学习的强大能力，只需要很少的训练就能让准确度大幅提升。这对我们的数据集可能很有用，因为这里没有太多例子来训练我们的网络（只有 2000 个样本）。

这个技巧可以用在很多不同的数据集上。如果你能找到一种方法轻松地将你的数据转换为图像表示，就值得这样做：使用一个 ResNet 网络来得到迁移学习的一个基准，这样就能知道你要使用一种不同的方法来击败怎样的目标。了解这些之后，下面来创建一个新的数据集，它会根据需要为我们生成这些图像。

一个新数据集

现在先把原来的 ESC50 数据集类放在一边，来创建一个新数据集 ESC50Spectrogram。尽管这个类与前一个类有一些共同的代码，但这个版本中更多的工作都在 __get_item__ 方法中完成。我们使用 *LibROSA* 生成声谱图，然后做一些特别的 matplotlib 工作将数据放在一个 NumPy 数组中。对这个数组应用我们的转换流水线（只使用了 ToTensor），并返回这个数据以及标签。代码如下：

```
class ESC50Spectrogram(Dataset):

def __init__(self,path):
    files = Path(path).glob('*.wav')
    self.items = [(f,int(f.name.split("-")[-1].replace(".wav","")))
                    for f in files]
    self.length = len(self.items)
    self.transforms = torchvision.transforms.Compose(
                [torchvision.transforms.ToTensor()])

def __getitem__(self, index):
    filename, label = self.items[index]
    audio_tensor, sample_rate = librosa.load(filename, sr=None)
    spectrogram = librosa.feature.melspectrogram(audio_tensor, sr=sample_rate)
    log_spectrogram = librosa.power_to_db(spectrogram, ref=np.max)
    librosa.display.specshow(log_spectrogram, sr=sample_rate,
                        x_axis='time', y_axis='mel')
    plt.gcf().canvas.draw()
    audio_data = np.frombuffer(fig.canvas.tostring_rgb(), dtype=np.uint8)
    audio_data = audio_data.reshape(fig.canvas.get_width_height()[::-1] + (3,))
    return (self.transforms(audio_data), label)
```

```
def __len__(self):
    return self.length
```

我不打算在这个版本的数据集上花太多时间，因为它有一个严重的缺陷，我会用 Python 的 process_time() 方法来展示这个问题：

```
oldESC50 = ESC50("ESC-50/train/")
start_time = time.process_time()
oldESC50.__getitem__(33)
end_time = time.process_time()
old_time = end_time - start_time

newESC50 = ESC50Spectrogram("ESC-50/train/")
start_time = time.process_time()
newESC50.__getitem__(33)
end_time = time.process_time()
new_time = end_time - start_time

old_time = 0.004786839000075815
new_time = 0.39544327499993415
```

与原来只返回原始音频的数据集相比，这个新数据集几乎慢了一百倍！这会使训练极其缓慢，甚至抵消了使用迁移学习可能带来的好处。

可以使用两个技巧来解决这里的主要问题。第一种方法是增加一个缓存，将生成的声谱图保存在内存中，这样我们就不用在每次调用 __getitem__ 方法时重新生成声谱图。通过使用 Python 的 functools 包，可以很容易地做到：

```
import functools

class ESC50Spectrogram(Dataset):
 #skipping init code

    @functools.lru_cache(maxsize=<size of dataset>)
    def __getitem__(self, index):
```

假设有足够的内存将数据集的全部内容都保存在 RAM 中，这个方法就足够了。我们建立了一个最近最少访问（east recently used，LRU）缓存，会尽可能久地将内容保存在内存中，当内存紧张时，最近未被访问的索引会最先从缓存中删除。不过，如果没有足够的内存来存储整个数据集，每个批次迭代时，由于需要重新生成已经从内存删除的声谱图，速度就会减慢。

我首选的方法是预计算（precompute）所有可能的图，然后创建一个新的定制数据集类，这个类将从磁盘加载这些图像（甚至还可以增加 LRU 缓存进一步提速）。

对于预计算并不需要做什么特别的工作，只需要一个方法将图保存到它遍历的同一个目录中：

```
def precompute_spectrograms(path, dpi=50):
    files = Path(path).glob('*.wav')
    for filename in files:
        audio_tensor, sample_rate = librosa.load(filename, sr=None)
        spectrogram = librosa.feature.melspectrogram(audio_tensor, sr=sr)
        log_spectrogram = librosa.power_to_db(spectrogram, ref=np.max)
        librosa.display.specshow(log_spectrogram, sr=sr, x_axis='time',
                                    y_axis='mel')
        plt.gcf().savefig("{}{}_{}.png".format(filename.parent,dpi,
                            filename.name),dpi=dpi)
```

这个方法比之前的数据集更简单，因为我们可以使用 matplotlib 的 savefig 方法直接将一个图保存到磁盘，而不需要使用 NumPy。这里还提供了一个额外的输入参数 dpi，这允许我们控制生成的输出质量。在已建立的 train、test 和 valid 路径上运行这个方法（处理完所有图像可能需要几个小时）。

现在我们需要的是一个读取这些图像的新数据集。不能使用第 2~4 章中的标准 ImageDataLoader，因为 PNG 文件名模式与它使用的目录结构不一致。不过没关系，我们可以使用 Python 图形处理库（Python Imaging Library，PIL）打开一个图像：

```
from PIL import Image

class PrecomputedESC50(Dataset):
    def __init__(self,path,dpi=50, transforms=None):
        files = Path(path).glob('{}*.wav.png'.format(dpi))
        self.items = [(f,int(f.name.split("-")[-1]
```

```
            .replace(".wav.png",""))) for f in files]
        self.length = len(self.items)
        if transforms=None:
            self.transforms =
            torchvision.transforms.Compose([torchvision.transforms.ToTensor()])
        else:
            self.transforms = transforms

    def __getitem__(self, index):
        filename, label = self.items[index]
        img = Image.open(filename)
        return (self.transforms(img), label)

    def __len__(self):
        return self.length
```

这个代码要简单得多，而且根据它从数据集获得一个元素的时间也能反映出这一点：

```
start_time = time.process_time()
b.__getitem__(33)
end_time = time.process_time()
end_time - start_time
>> 0.0031465259999094997
```

从这个数据集得到一个元素的时间与从原来基于音频的数据集得到元素的时间基本相同，所以改为这个基于图像的方法时，我们并没有什么损失，只是在创建数据集之前需要预计算所有图像，这有一个一次性的开销。我们还提供了一个默认的转换流水线，将把一个图像转换为一个张量，不过可以在初始化时换为另一个不同的流水线。有了这些优化，下面开始对这个问题应用迁移学习。

一个微调的 ResNet

应该记得，第 4 章中介绍过，迁移学习要求利用一个已经在某个特定数据集上训练的模型（对于图像，就比如 ImageNet 数据集），然后在我们的特定数据域中对模型微调（这里的数据域就是要转换为声谱图图像的 ESC-50 数据集）。你可能想知道在普通照片上训练的一个模型对我们是否有用。实际上，预训练的模型确实能学习大量结构，对于乍一看好像完全不同的领域也可以应用。下面是第 4 章中初始化一个模型的代码：

```
from torchvision import models
spec_resnet = models.ResNet50(pretrained=True)

for param in spec_resnet.parameters():
    param.requires_grad = False

spec_resnet.fc = nn.Sequential(nn.Linear(spec_resnet.fc.in_features,500),
nn.ReLU(),
nn.Dropout(), nn.Linear(500,50))
```

这里用一个预训练（并且冻结）的 ResNet50 模型初始化，将模型最前面换为一个未训练的 Sequential 模块，它以一个有 50 个输出的 Linear 结束，每个输出对应 ESC-50 数据集中的一个类。还需要创建一个 DataLoader，接受我们预计算的声谱图。创建 ESC-50 数据集时，我们还希望用标准 ImageNet 的标准差和均值对输入的图像归一化，因为预训练的 ResNet-50 架构就是这样训练的。可以传入一个新的流水线做到这一点：

```
esc50pre_train = PreparedESC50(PATH, transforms=torchvision.transforms
.Compose([torchvision.transforms.ToTensor(),
torchvision.transforms.Normalize
(mean=[0.485, 0.456, 0.406],
std=[0.229, 0.224, 0.225])]))

esc50pre_valid = PreparedESC50(PATH, transforms=torchvision.transforms
.Compose([torchvision.transforms.ToTensor(),
torchvision.transforms.Normalize
(mean=[0.485, 0.456, 0.406],
std=[0.229, 0.224, 0.225])]))


esc50_train_loader = (esc50pre_train, bs, shuffle=True)
esc50_valid_loader = (esc50pre_valid, bs, shuffle=True)
```

建立了我们的数据加载器之后，再来查找一个学习率准备训练。

查找学习率

我们要找到模型中使用的学习率。类似第4章，这里将保存模型的初始参数，并使用我们的 find_lr() 函数为训练查找一个合适的学习率。图 6-6 显示了损失与学习率的关系图。

```
spec_resnet.save("spec_resnet.pth")
loss_fn = nn.CrossEntropyLoss()
optimizer = optim.Adam(spec_resnet.parameters(), lr=lr)
logs,losses = find_lr(spec_resnet, loss_fn, optimizer)
plt.plot(logs, losses)
```

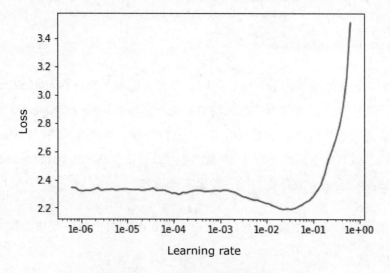

图 6-6：SpecResNet 学习率图

查看这个学习率与损失的关系图，看起来 1e-2 是一个合适的起点。由于我们的 ResNet-50 模型比之前的模型更深，所以这里将使用差分学习率 [1e-2,1e-4,1e-8]，在我们的分类器上应用最高的学习率（因为它需要最多的训练），而在已经训练的主干模型上应用较慢的学习率。同样的，还是使用 Adam 作为优化器，但完全可以尝试其他可用的优化器。

不过，在应用这些差分学习率之前，我们要训练几个 epoch 只更新分类器，因为创建网络时冻结了 ResNet-50 主干模型：

```
optimizer = optim.Adam(spec_resnet.parameters(), lr=[1e-2,1e-4,1e-8])

train(spec_resnet, optimizer, nn.CrossEntropyLoss(),
esc50_train_loader, esc50_val_loader,epochs=5,device="cuda")
```

现在解冻这个主干模型，并应用我们的差分学习率：

```
for param in spec_resnet.parameters():
    param.requires_grad = True

optimizer = optim.Adam(spec_resnet.parameters(), lr=[1e-2,1e-4,1e-8])

train(spec_resnet, optimizer, nn.CrossEntropyLoss(),
esc50_train_loader, esc50_val_loader,epochs=20,device="cuda")

> Epoch 19, accuracy = 0.80
```

可以看到，验证准确度约为 80%，我们已经大大超越了原来的 AudioNet 模型。这里再一次体现了迁移学习的强大能力！完全可以多训练几个 epoch，看看准确度是否还会继续提高。如果查看 ESC-50 排行榜，准确度最终可以达到人类水平。而且这只是 ResNet-50 的情况。还可以尝试 ResNet-101，另外也可以使用不同架构的一个组合模型进一步提高准确度。

还要考虑数据增强。下面来看目前为止在所处理的两个域中完成数据增强的几种方法。

音频数据增强

查看第 4 章中的图像时，可以看到，通过对输入的图像做一些修改，可以提高分类器的准确度。通过翻转、剪裁或者应用其他转换，可以让我们的神经网络在训练阶段更努力，到训练结束时能得到一个更泛化的模型，而不只是与所给出的数据拟合（别忘了过拟合问题）。 这里可以做同样的工作吗？当然可以！实际上，我们可以使用两种方法，一种方法比较明显，应用于原来的音频波形，还有一种方法不那么明显，这个想法源于我们决定在梅尔声谱图图像上使用一个基于 ResNet 的分类器。下面先来看音频转换。

torchaudio 转换

与 torchvision 类似，torchaudio 包含一个 transforms 模块，可以对到来的数据完成转换。不过，它提供的转换很少（特别是与处理图像时所能完成的大量转换相比）。如果你对这些转换感兴趣，可以查看文档（*https://oreil. ly/d1kp6*），其中给出了一个完整的列表，不过这里我们只考虑 torchaudio. transforms.PadTrim。我们很幸运，在 ESC-50 数据集中，所有音频剪辑都有相同的长度。真实世界里并不是这样，不过我们的神经网络希望输入数据必须是规则的（而且取决于网络如何构造，有时还坚持要求这样）。PadTrim 接收一个到来的音频张量，可能把它填充为所需的长度，或者进行裁剪，使它不超过期望的长度。如果我们想把一个音频剪辑裁剪为一个新长度，就要如下使用 PadTrim：

```
audio_tensor, rate = torchaudio.load("test.wav")
audio_tensor.shape
trimmed_tensor = torchaudio.transforms.PadTrim(max_len=1000)(audio_orig)
```

不过，如果你想寻找真正改变音频声音的增强方法（例如，增加回声、噪音或者改变音频节拍），torchaudio.transforms 模块对你就没有用。这种情况下需要使用 *SoX*。

SoX 音效链

为什么这没有成为 transforms 模块的一部分，我确实不清楚，不过可以利用 torchaudio.sox_effects.SoxEffectsChain 创建包括一个或多个 *SoX* 音效的链，并对一个输入文件应用这些音效。这个接口不太好用，不过下面来看具体如何在数据集的一个新版本中用它改变音频文件的音高：

```
class ESC50WithPitchChange(Dataset):

    def __init__(self,path):
        # Get directory listing from path
        files = Path(path).glob('*.wav')
        # Iterate through the listing and create a list of tuples (filename, label)
        self.items = [(f,f.name.split("-")[-1].replace(".wav","")) for f in files]
```

```
        self.length = len(self.items)
        self.E = torchaudio.sox_effects.SoxEffectsChain()
        self.E.append_effect_to_chain("pitch", [0.5])

    def __getitem__(self, index):
        filename, label = self.items[index]
        self.E.set_input_file(filename)
        audio_tensor, sample_rate = self.E.sox_build_flow_effects()
        return audio_tensor, label

    def __len__(self):
        return self.length
```

在我们的 __init__ 方法中，创建了一个新的实例变量 E，这是一个 SoxEffectsChain，其中将包含我们想要应用到音频数据的所有音效。然后使用 append_effect_to_chain 增加一个新音效，这个方法接收一个指示音效名的字符串，另外要接收将发送到 SoX 的一个参数数组。通过调用 torchaudio.sox_effects.effect_names() 可以得到可用音效的一个列表。如果我们要增加另一个音效，它会在刚才建立的音高音效后面发生，所以如果你想创建一个单独音效的列表，并随机地应用这些音效，就需要为每个音效创建单独的链。

如果要选择一个元素返回给数据加载器，情况稍有不同。不是使用 torchaudio.load()，我们会引用音效链，并使用 set_input_file 指定文件。不过注意这并不加载文件！实际上，必须使用 sox_build_flow_effects()，这会在后台启动 SoX，应用链中的音效，并返回原本要从 load() 得到的张量和采样率信息。

SoX 能做的事情非常多，我不打算更详细地介绍你能使用的所有音效。建议阅读 SoX 文档（*https://oreil.ly/uLBTF*），另外使用 list_effects() 看看有哪些可能。

这些转换允许我们修改原来的音频，不过这一章我们已经花了很多篇幅介绍如何建立一个处理梅尔声谱图图像的处理流水线。可以像以前一样，通过创建经过修改的音频样本并由它们创建声谱图，为这个流水线生成初始数据集，但是这样一来，我们就创建了大量需要在运行时混合的数据。好在可以对声谱图本身完成一些转换。

SpecAugment

现在你可能在想："等一下，这些声谱图就是图像！我们可以对它们使用所需的任何图像转换！"没错！说得好，值得奖励！不过我们确实要小心一点，例如，有可能一个随机裁剪剪掉了太多的频率，以至于有可能改变输出类别。在我们的 ESC-50 数据集中不太会出现这个问题，不过，如果你要做语音识别之类的处理，应用数据增强时就必须考虑这些问题。另一个有趣的推测是，由于我们知道所有声谱图都有同样的结构（它们总是频率图），所以我们可以创建专门处理这个结构的图像转换。

2019 年，Google 发表了关于 SpecAugment 的一篇文章[注3]，报告了多个音频数据集的最新结果。这个团队通过使用 3 种新的数据增强技术得到了这些结果，他们直接对梅尔声谱图应用了这些技术：时间规整（time warping）、频率屏蔽（frequency masking）和时间屏蔽（time masking）。我们不打算介绍时间规整，因为这种技术的好处很少，不过我们会实现定制转换完成时间和频率屏蔽。

频率屏蔽

频率屏蔽随机地从音频输入去除一个或一组频率。这会让模型更努力地工作，它不能简单地记住一个输入和它的类别，因为每个批次中，输入会屏蔽不同的频率。模型必须学习其他特征，从而能确定如何将输入映射到一个类别，这样就能得到一个更准确的模型。

在我们的梅尔声谱图中，通过确保任何时间步上该频率都没有任何显示，可以展示频率屏蔽。图 6-7 显示了这种效果，实际上，这会在一个自然声谱图上留出一个空行。

注 3： 参见 Daniel S.Park 等的"SpecAugment: A Simple Data Augmentation Method for Automatic Speech Recognition"（2019）。

下面是实现频率屏蔽的一个定制 Transform 的代码：

```
class FrequencyMask(object):
    """

      Example:
        >>> transforms.Compose([
        >>>     transforms.ToTensor(),
        >>>     FrequencyMask(max_width=10, use_mean=False),
        >>> ])

    """

    def __init__(self, max_width, use_mean=True):
        self.max_width = max_width
        self.use_mean = use_mean

    def __call__(self, tensor):
        """
        Args:
            tensor (Tensor): Tensor image of
            size (C, H, W) where the frequency
            mask is to be applied.

        Returns:
            Tensor: Transformed image with Frequency Mask.
        """
        start = random.randrange(0, tensor.shape[2])
        end = start + random.randrange(1, self.max_width)
        if self.use_mean:
            tensor[:, start:end, :] = tensor.mean()
        else:
            tensor[:, start:end, :] = 0
        return tensor

    def __repr__(self):
        format_string = self.__class__.__name__ + "(max_width="
        format_string += str(self.max_width) + ")"
        format_string += 'use_mean=' + (str(self.use_mean) + ')')

        return format_string
```

应用这个转换时，PyTorch 将调用 __call__ 方法并提供图像的张量表示（所以在一个 Compose 链中，需要把它放在图像转换为张量之后，而不是之前）。

这里假设张量的格式为 *channels* × *height* × *width*，我们希望将高度值设置在一个很小的区间内，即把高度设置为 0 或图像的均值（由于我们在使用对数梅尔声谱图，均值应该等于 0，不过这里还是包含了两个选项，以便你试验看看它们是否有优劣）。范围由 max_width 参数提供，最后屏蔽的像素宽度为 1 到 max_pixels 之间。我们还需要为屏蔽选择一个随机的起始点，这正是start 变量的作用。最后是这个转换中复杂的部分，我们要应用所生成的屏蔽：

```
tensor[:, start:end, :] = tensor.mean()
```

如果分解来看，这并不太复杂。我们的张量有 3 个维度，但是我们想要对红、绿和蓝通道都应用这个转换，所以首先使用一个，选择这个维度中的所有值。然后使用 start:end 选择高度范围，再选择宽度通道中的所有值，因为我们希望每个时间步都应用这个屏蔽。接着在这个表达式的右边设置值，在这里，值就是 tensor.mean()。如果从 ESC-50 数据集取一个随机张量，并应用这个转换，在图 6-7 中可以看到这个类会创建所需的屏蔽。

```
torchvision.transforms.Compose([FrequencyMask(max_width=10, use_mean=False),
torchvision.transforms.ToPILImage()])(torch.rand(3,250,200))
```

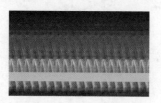

图 6-7：对一个随机的 ESC-50 样本应用频率屏蔽

接下来我们把注意力转向时间屏蔽。

时间屏蔽

介绍完频率屏蔽后，我们再来看时间屏蔽，这与频率屏蔽的做法是一样的，只不过是在时域中进行屏蔽。这里的代码基本相同：

```python
class TimeMask(object):
    """
    Example:
        >>> transforms.Compose([
        >>>     transforms.ToTensor(),
        >>>     TimeMask(max_width=10, use_mean=False),
        >>> ])

    """

    def __init__(self, max_width, use_mean=True):
        self.max_width = max_width
        self.use_mean = use_mean

    def __call__(self, tensor):
        """
        Args:
            tensor (Tensor): Tensor image of
            size (C, H, W) where the time mask
            is to be applied.

        Returns:
            Tensor: Transformed image with Time Mask.
        """
        start = random.randrange(0, tensor.shape[1])
        end = start + random.randrange(0, self.max_width)
        if self.use_mean:
            tensor[:, :, start:end] = tensor.mean()
        else:
            tensor[:, :, start:end] = 0
        return tensor

    def __repr__(self):
        format_string = self.__class__.__name__ + "(max_width="
        format_string += str(self.max_width) + ")"
        format_string += 'use_mean=' + (str(self.use_mean) + ')')
        return format_string
```

可以看到，这个类与频率屏蔽类似。唯一的区别是我们的 start 变量现在位于高度轴上的某个点，完成屏蔽时，需要以下代码：

```python
tensor[:, :, start:end] = 0
```

这表示我们会选择张量前两维的所有值，另外选择最后一维中的 start:end 范围。同样的，可以对 ESC-50 中的一个随机张量应用这个转换，来看是否正确地应用了屏蔽，如图 6-8 所示。

```
torchvision.transforms.Compose([TimeMask(max_width=10, use_mean=False),
torchvision.transforms.ToPILImage()])(torch.rand(3,250,200))
```

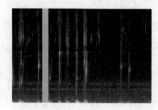

图 6-8：对一个随机的 ESC-50 样本应用时间屏蔽

结束数据增强的内容之前，下面创建一个新的包装器转换，确保会对一个声谱图图像应用频率屏蔽或者时间屏蔽：

```
class PrecomputedTransformESC50(Dataset):
    def __init__(self,path,dpi=50):
        files = Path(path).glob('{}*.wav.png'.format(dpi))
        self.items = [(f,f.name.split("-")[-1].replace(".wav.png",""))
                      for f in files]
        self.length = len(self.items)
        self.transforms = transforms.Compose([
    transforms.ToTensor(),
    RandomApply([FrequencyMask(self.max_freqmask_width)]p=0.5),
    RandomApply([TimeMask(self.max_timemask_width)]p=0.5)
])

    def __getitem__(self, index):
        filename, label = self.items[index]
        img = Image.open(filename)
        return (self.transforms(img), label)

    def __len__(self):
        return self.length
```

可以试着利用这个数据增强技术重新运行训练循环,看看你能不能像 Google 一样利用这些屏蔽得到更好的准确度。不过,对于这个数据集,是不是还可以做些其他工作?

更多试验

目前为止,我们创建了两个神经网络(一个基于原始的音频波形,另一个基于梅尔声谱图图像),用来对 ESC-50 数据集中的声音分类。你已经看到,利用迁移学习的强大能力,基于 ResNet 的模型可以更准确,不过还可以创建两个网络的组合,来看准确度会提高还是降低,这会是一个很有意思的试验。为此,一种简单的方法是再来考虑第 4 章中的组合方法,只需要结合预测并且求平均。另外,我们没有考虑基于从声谱图得到的原始数据构建网络的想法。如果创建了一个模型来处理这个数据,把它引入组合模型时对总体准确度会有帮助吗?还可以使用其他版本的 ResNet,或者可以创建新的架构,使用不同的预训练模型(如 VGG 或 Inception)作为主干模型。可以探索这样一些选择,看看会发生什么。在我的试验中,SpecAugment 可以将 ESC-50 分类的准确度提高约 2%。

小结

这一章中,我们使用了两种完全不同的策略来完成音频分类,简要介绍了 PyTorch 的 `torchaudio` 库,并了解了如果预计算数据集转换,动态完成转换时这会对训练时间产生极大影响。我们讨论了两种实现数据增强的方法。作为额外奖励,再次谈到了如何训练一个基于图像的模型,这里使用迁移学习快速生成了一个分类器,与 ESC-50 排行榜上的其他模型相比,这个分类器的准确度相当高。

以上就结束了我们的图像、文本和音频之旅,不过第 9 章介绍使用 PyTorch 的一些应用时,我们还会再来讨论这 3 个方面。但接下来,我们会介绍模型训练得不正确或不够快时如何调试模型。

延伸阅读

- Soren Becker 等，"Interpreting and Explaining Deep Neural Networks for Classification of Audio Signals"（2018）（*https://arxiv.org/abs/1807.03418*）。

- Shawn Hershey 等，"CNN Architectures for Large-Scale Audio Classification"（2016）（*https://arxiv.org/abs/1609.09430v2*）。

第 7 章

调试 PyTorch 模型

这本书中已经创建了很多模型，不过这一章中，你会简单地了解如何解释模型并明确底层做了些什么。我们会介绍利用 PyTorch 钩子使用类激活映射来确定模型做决策时关注的重点，即如何将 PyTorch 连接到 Google 的 TensorBoard 进行调试。我们会展示如何使用火焰图（flame graphs）识别转换和训练流水线中的瓶颈，另外还会提供一个实用的例子，让一个运行缓慢的转换提速。最后，我们会介绍处理更大的模型时如何使用检查点（checkpointing）用计算量换取内存。不过，首先要说说数据。

凌晨 3 点，你的数据在做什么

为了在一个 GPU 上使用庞大的模型，在深入研究 TensorBoard 或梯度检查点等酷炫技术之前，先问问自己：你真的了解你的数据吗？如果要对输入分类，所有可用标签的样本都是平衡的吗？训练、验证和测试集中的数据都平衡吗？

另外，你确信标签是正确的吗？一些重要的基于图像的数据集 [如 MNIST 和 CIFAR-10（Canadian Institute for Advanced Research，加拿大高等研究院）] 就已知包含一些不正确的标签。要检查你的标签，特别是类别相互之间很类似时，如狗的品种或植物品种。对数据做一个完整性检查，往往能节省大量时间，因为你可能会发现一些问题，比如某一类标签只有小图像，而所有其他标签都有大分辨率的样本。

一旦确保数据状态良好，下面就转向 TensorBoard，开始检查模型中一些可能的问题。

TensorBoard

TensorBoard 是一个 Web 应用，设计用来对神经网络的不同方面进行可视化。利用 TensorBoard 可以很容易地实时查看统计信息，如准确度、损失激活值，实际上可以查看你希望通过网络发送的任何信息。尽管它本身是用 TensorFlow 编写的，但有一个跨系统而且相当简单的 API，在 PyTorch 中使用与在 TensorFlow 中使用并没有太大差别。下面来安装这个应用，看看如何用它得到有关模型的一些内在信息。

 阅读关于 PyTorch 的资料时，你可能会看到有时提到一个名为 Visdom 的应用，这是 Facebook 提供的 TensorBoard 的替代应用。在 PyTorch v1.1 之前，支持可视化的方法就是在 PyTorch 中使用 Visdom，另外提供了一些第三方库（如 `tensorboardX`）可以与 TensorBoard 集成。尽管还在继续维护 Visdom，但因为 PyTorch v1.1 及以上版本集成了一个官方 TensorBoard，所以在 PyTorch 开发人员看来，目前事实上的神经网络可视化工具是 TensorBoard。

安装 TensorBoard

可以用 `pip` 或 `conda` 安装 TensorBoard：

```
pip install tensorboard
conda install tensorboard
```

 要使用 TensorBoard，要求 PyTorch 版本在 v1.14 以上。

然后可以在命令行启动 TensorBoard：

```
tensorboard --logdir=runs
```

接下来进入 *http://[your-machine]:6006*，在这里会看到图 7-1 所示的欢迎屏幕。现在可以向这个应用发送数据了。

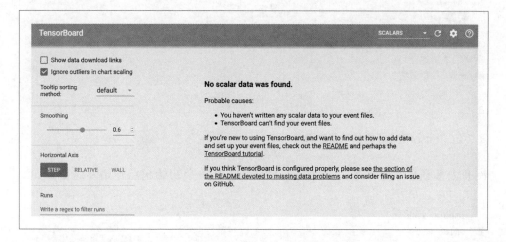

图 7-1：TensorBoard

向 TensorBoard 发送数据

PyTorch 中使用 TensorBoard 的模块在 `torch.utils.tensorboard` 中：

```
from torch.utils.tensorboard import SummaryWriter
writer = SummaryWriter()
writer.add_scalar('example', 3)
```

我们使用 `SummaryWriter` 类与 TensorBoard 交互，这里使用标准位置 *./runs* 记录输出，另外使用 `add_scalar` 并提供一个标记来发送一个标量。因为 `SummaryWriter` 会异步地工作，这可能需要一点时间，不过最后应该能看到 TensorBoard 更新，如图 7-2 所示。

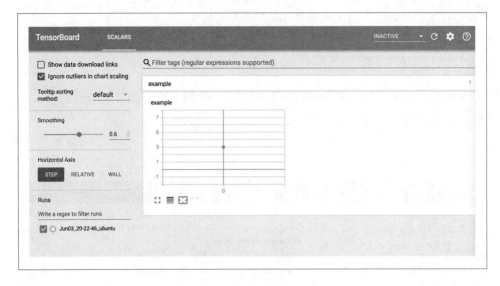

图 7-2：TensorBoard 中的示例数据点

没有太多意思，是不是？下面写一个循环，从一个初始起点开始发送更新：

```
import random
value = 10
writer.add_scalar('test_loop', value, 0)
for i in range(1,10000):
  value += random.random() - 0.5
  writer.add_scalar('test_loop', value, i)
```

通过传递循环中所在的位置，如图 7-3 所示，TensorBoard 会提供从 10 开始的一个随机游走图（random walk）。如果再次运行这个代码，会看到显示窗口中将生成一个不同的 run，可以在这个 Web 页面左边选择想查看所有 run 还是只看某些特定的 run。

可以用它替换训练循环中的 print 语句，也可以发送模型本身在 TensorBoard 中得到一个表示！

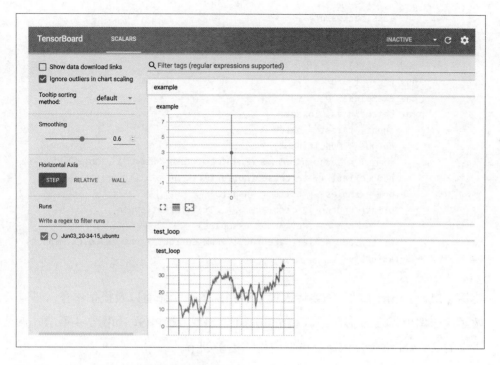

图 7-3：TensorBoard 中绘制随机游走图

```python
import torch
import torchvision
from torch.utils.tensorboard import SummaryWriter
from torchvision import datasets, transforms,models

writer = SummaryWriter()
model = models.resnet18(False)
writer.add_graph(model,torch.rand([1,3,224,224]))

def train(model, optimizer, loss_fn, train_data_loader, test_data_loader, epochs=20):
    model = model.train()
    iteration = 0

    for epoch in range(epochs):
        model.train()
        for batch in train_loader:
            optimizer.zero_grad()
            input, target = batch
            output = model(input)
            loss = loss_fn(output, target)
            writer.add_scalar('loss', loss, epoch)
```

```
        loss.backward()
        optimizer.step()

    model.eval()
    num_correct = 0
    num_examples = 0
    for batch in val_loader:
        input, target = batch
        output = model(input)
        correct = torch.eq(torch.max(F.softmax(output), dim=1)[1], target).view(-1)
        num_correct += torch.sum(correct).item()
        num_examples += correct.shape[0]
        print("Epoch {}, accuracy = {:.2f}".format(epoch,
                num_correct / num_examples)
        writer.add_scalar('accuracy', num_correct / num_examples, epoch)
    iterations += 1
```

使用 add_graph() 时，需要传入模型中跟踪的一个张量以及模型本身。一旦做了这个调用，应该能看到 TensorBoard 中出现 GRAPHS，如图 7-4 所示，点击大的 ResNet 块会显示这个模型结构的更多细节。

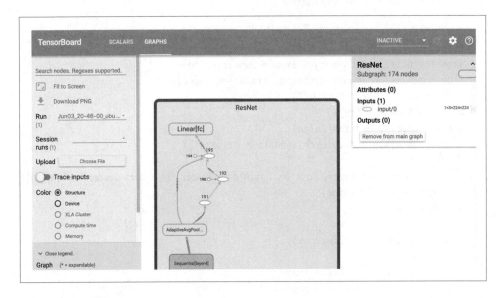

图 7-4：ResNet 可视化

现在我们能够将准确度和损失信息以及模型结构发送到 TensorBoard。通过聚集多个 run 的准确度和损失信息，可以看出某个 run 相比于其他 run 是否有不同的地方，如果想搞清楚为什么某个训练 run 生成的结果很糟糕，这会是一个很有用的线索。稍后我们还会再回来讨论 TensorBoard，不过首先来看 PyTorch 为调试提供的其他特性。

PyTorch 钩子

PyTorch 提供了钩子（hook），这是在向前或向后传播时可以附加到一个张量或模块的函数。PyTorch 在传播中遇到一个带钩子的模块时，它会调用所注册的钩子。计算一个张量的梯度时，就会调用这个张量上注册的钩子。

钩子提供了很多可能很强大的方式来管理模块和张量，因为如果需要，可以完全替换进入钩子的（前一层）输出。可以改变梯度、屏蔽激活、替换模块中的所有偏置等。不过，这一章中，我们只是使用钩子在数据流过时得到网络的有关信息。

给定一个 ResNet-18 模型，可以使用 register_forward_hook 在模型的某个特定部分附加一个前向钩子：

```
def print_hook(self, module, input, output):
  print(f"Shape of input is {input.shape}")

model = models.resnet18()
hook_ref  = model.fc.register_forward_hook(print_hook)
model(torch.rand([1,3,224,224]))
hook_ref.remove()
model(torch.rand([1,3,224,224]))
```

如果运行这个代码，应该会看到将打印一些文本，显示模型线性分类器层的输入形状。注意，第二次向模型传入一个随机张量时，不会看到 print 语句。向一个模块或张量增加一个钩子时，PyTorch 会返回这个钩子的一个引用。总是应当保存这个引用（在这里我们把钩子引用保存在 hook_ref 中），然后在工作完成时调用 remove()。如果没有保存这个引用，它就会在内存中"游荡"，而占用宝贵的内存（可能还会在传播中浪费计算资源）。反向钩子的做法类似，只不过要调用 register_backward_hook()。

当然，既然可以用 print() 打印一些信息，自然可以把这些信息发送给 TensorBoard！下面来看如何使用前向 / 反向钩子和 TensorBoard 在训练中得到各层的重要统计信息。

均值和标准差绘图

首先我们要建立一个函数，将一个输出层的均值和标准差发送给 TensorBoard：

```
def send_stats(i, module, input, output):
  writer.add_scalar(f"{i}-mean",output.data.std())
  writer.add_scalar(f"{i}-stddev",output.data.std())
```

不能用这个函数本身建立一个前向钩子，不过通过使用 Python 函数 partial()，可以创建一系列前向钩子，将它们附加到有指定 i 值（partial() 的第 2 个参数）的一个层，从而确保把正确的值传送到 TensorBoard 中正确的图中：

```
from functools import partial

for i,m in enumerate(model.children()):
  m.register_forward_hook(partial(send_stats, i))
```

注意，我们使用了 model.children()，这样只会附加到模型的各个顶层模块，所以如果有一个 nn.Sequential() 层（基于 ResNet 的模型都有这样一个层），钩子只会附加到这个模块，而不会附加到 nn.Sequential 列表中的各个模块。

如果用我们通常的训练函数训练这个模型，应该会看到激活值开始流入 TensorBoard，如图 7-5 所示。必须在 UI 中切换为墙上时钟时间（WALL），因为我们不再用钩子将训练的步（step）信息发送回 TensorBoard（只有在调用 PyTorch 钩子时才会得到模块信息）。

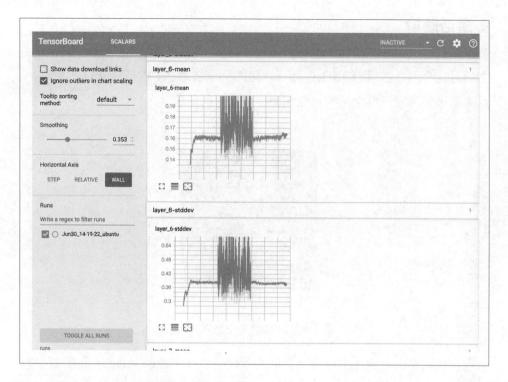

图 7-5：TensorBoard 中的模块均值和标准差

第 2 章提到过，理想情况下神经网络中的层应该均值为 0，并且标准差为 1，从而确保我们的计算不会变成无穷大或者 0。在 TensorBoard 中查看这些层。它们看起来是否保持在某个值域范围内？图中是否有时突增然后突降？如果是，这就是一个信号，说明这个网络训练有问题。在图 7-5 中，均值接近 0，但是标准差也几乎等于 0。如果网络中很多层都是这样，这就意味着你的激活函数（如 ReLU）对你的问题域不太适用。可能有必要尝试其他激活函数，看看是否能提高模型的性能。PyTorch 的 LeakyReLU 是一个很好的候选，它能提供与标准 ReLU 类似的激活，但允许更多信息通过，这可能会对训练有帮助。

对 TensorBoard 的介绍就告一段落了，不过这一章"延伸阅读"一节提供了更多相关的资源。下面来看如何让一个模型解释它是如何做决策的。

类激活映射

类激活映射（Class activation mapping，CAM）是一个网络完成输入张量分类之后对这个网络激活（输出）进行可视化的一个技术。在基于图像的分类器中，这通常呈现为原图像之上的一个热图，如 7-6 所示。

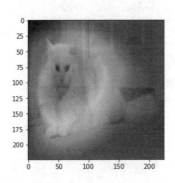

图 7-6：Casper 的类激活映射

从这个热图可以直观地了解到这个网络如何从众多可能的 ImageNet 类别中做出这是波斯猫（Persian Cat）的决策。在猫的脸和身体周围，网络激活值最高，而图像中的其他部分则比较低。

为了生成这个热图，我们要捕获网络最后一个卷积层的激活，就是进入 Linear 层之前的输出，因为由此我们可以看到，在建立从图像到类别的最终映射过程中，这些组合的 CNN 层认为最重要的是什么。好在，利用 PyTorch 的钩子特性，这很简单。我们把钩子包装在一个 SaveActivations 类中：

```
class SaveActivations():
    activations=None
    def __init__(self, m):
        self.hook = m.register_forward_hook(self.hook_fn)
    def hook_fn(self, module, input, output):
        self.features = output.data
    def remove(self):
        self.hook.remove()
```

然后把 Casper 的图像传入网络（要为 ImageNet 完成归一化），应用 softmax 将输出张量转换为概率，并使用 torch.topk() 取出最大概率及其索引：

```
import torch
from torchvision import models, transforms
from torch.nn import functional as F

casper = Image.open("casper.jpg")
# Imagenet mean/std

normalize = transforms.Normalize(
    mean=[0.485, 0.456, 0.406],
    std=[0.229, 0.224, 0.225]
)

preprocess = transforms.Compose([
    transforms.Resize((224,224)),
    transforms.ToTensor(),
    normalize
])

display_transform = transforms.Compose([
    transforms.Resize((224,224))])

casper_tensor = preprocess(casper)

model = models.resnet18(pretrained=True)
model.eval()
casper_activations = SaveActivations(model.layer_4)
prediction = model(casper_tensor.unsqueeze(0))
pred_probabilities = F.softmax(prediction).data.squeeze()
casper_activations.remove()
torch.topk(pred_probabilities,1)
```

 我还没有解释过 torch.nn.functional，不过最好把它看作是包含了 torch. nn 中所提供函数的实现。例如，如果你创建了 torch.nn.softmax() 的一个实例，会得到一个对象，它有一个 forward() 方法来完成 softmax。如果查看 torch.nn.softmax() 的具体源代码，会看到这个方法所做的就是调用 F.softmax()。由于这里不需要 softmax 作为网络的一部分，所以我们直接调用了底层函数。

如果现在访问 casper_activations.activations，会看到这已经填充了一个张量，其中包含我们需要的最后卷积层的激活值。然后如下处理：

```
    fts = sf[0].features[idx]
        prob = np.exp(to_np(log_prob))
        preds = np.argmax(prob[idx])
        fts_np = to_np(fts)
        f2=np.dot(np.rollaxis(fts_np,0,3), prob[idx])
        f2-=f2.min()
        f2/=f2.max()
        f2
    plt.imshow(dx)
    plt.imshow(scipy.misc.imresize(f2, dx.shape), alpha=0.5, cmap='jet');
```

这会计算 Casper 激活的点积（应该记得，由于输入张量第一维是批次，所以这里使用了索引 0）。在第 1 章提到过，PyTorch 采用 C×H×W 格式存储图像数据，所以接下来需要把维度重排为 H×W×C 以便显示图像。然后从张量中去除最小值，并按最大值缩放，确保只关注所得热图中的最高激活（即判断是 Persian Cat 的依据）。最后，使用一些 matplot 魔法显示 Casper，然后在 Casper 原图之上显示张量（调整大小并给定一个标准 jet 颜色图）。需要说明，通过把 idx 替换为一个不同的类，会看到热图可以指示分类时图中显示的激活（如果有的话）。所以，如果模型预测是 *car*，你会看到图像中哪些部分用来做出这个决策。对于 Casper，第二高的概率对应 Angora Rabbit，从 CAM 可以看到，对于这个索引，所关注的是它蓬松的皮毛！

以上我们介绍了模型做出决策时是怎么做的。接下来，我们要研究模型在训练循环中或者推理时大部分时间都在做什么。

火焰图

与 TensorBoard 不同，火焰图（flame graphs）并不是专门为神经网络创建的，完全不是甚至不是 TensorFlow 的工具。实际上，火焰图可以追溯到 2011 年，当时一个名叫 Brendan Gregg 的工程师在一家名为 Joyent 的公司工作，他提出了一个技术来帮助调试使用 MySQL 时遇到的一个问题。其想法是得到大量栈轨迹，把它们转换为一个图，由这个图本身可以了解 CPU 在一段时间内的工作。

Brendan Gregg 现在任职于 Netflix，他做了大量与性能有关的工作，可以阅读和理解他的有关文章（*http://www.brendangregg.com/*）。

以 MySQL 在表中插入一行记录为例，我们每秒对堆栈（stack）采样数百或数千次。每次采样时，会得到一个栈轨迹，显示当前时间点栈中的所有函数。所以如果正处于某个函数中，而这个函数被另一个函数调用，得到的栈轨迹就会同时包含调用函数以及被调用函数。示例的栈轨迹可能如下：

```
   65.00%     0.00%  mysqld    [kernel.kallsyms]    [k] entry_SYSCALL_64_fastpath
              |
              ---entry_SYSCALL_64_fastpath
                 |
                 |--18.75%-- sys_io_getevents
                 |            read_events
                 |            schedule
                 |            __schedule
                 |            finish_task_switch
                 |
                 |--10.00%-- sys_fsync
                 |            do_fsync
                 |            vfs_fsync_range
                 |            ext4_sync_file
                 |            |
                 |            |--8.75%-- jbd2_complete_transaction
                 |            |          jbd2_log_wait_commit
                 |            |          |
                 |            |          |--6.25%-- _cond_resched
                 |            |          |          preempt_schedule_common
                 |            |          |          __schedule
```

有大量这样的信息，这还只是一个小样本，只有一组 400KB 的栈轨迹。即使做了这种编排（并不是所有栈轨迹都有这种格式编排），仍然很难看出发生了什么。

与之不同，用火焰图展示这些信息则很简单很清晰，在图 7-7 中可以看到。y 轴是栈高度，尽管 x 轴不是时间，但是表示了采样时函数出现在栈中的频次。所以，如果栈顶有一个函数，假设它覆盖了图的 80%，我们就会知道，这个程序的大量运行时间都用在这个函数上，可能应该查看这个函数，明确是什么让它花费这么长的时间。

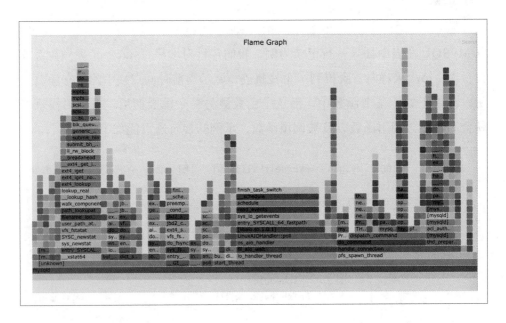

图 7-7：MySQL 火焰图

你可能会问，"这与深度学习有什么关系？"当然有关系，在深度学习研究中有一个很常见的说法：如果训练慢下来，只需要再买 10 个 GPU，或者再给 Google 多交些钱租用 TPU pod。不过，有可能你的训练流水线根本不是 GPU 密集的。可能有一个速度很慢的转换，尽管你有那些酷炫的显卡，但最后它们并没有像你预想的那样给予太大帮助。火焰图提供了一种简单、一目了然的方式来识别 CPU 密集的瓶颈，在实际的深度学习解决方案中经常出现这种瓶颈。例如，还记得第 4 章我们介绍的那些基于图像的转换吗？其中大部分都使用了 Python 图形处理库（PIL），这些转换是完全 CPU 密集的。对于很庞大的数据集，会在训练循环中反复地完成这些转换！所以，尽管在深度学习领域中可能不常提到，但火焰图确实是一个非常好的工具。如果你没有其他工具，就可以用火焰图作为证据，向你的老板证明你的方案确实是 GPU 密集的，而且下周二之前就需要得到那些 TPU 额度（TPU credits）！我们会介绍如何从你的训练循环得到火焰图，并了解如何将训练从 CPU 移到 GPU 来修正一个很慢的转换。

安装 py-spy

有很多方法可以生成可转换为火焰图的栈轨迹。上一节中的火焰图是用 Linux 工具 perf 生成的，这是一个复杂而强大的工具。我们会选择一个相对容易一些的工具，这里会使用 py-spy 直接生成火焰图，它是一个基于 Rust 的栈性能分析工具。可以通过 pip 来安装：

```
pip install py-spy
```

可以找到一个运行进程的进程标识符（process identifier，PID），使用 --pid 参数关联 py-spy：

```
py-spy --flame profile.svg --pid 12345
```

或者可以传入一个 Python 脚本（这一章就采用这种方法）。首先，建立一个简单的 Python 脚本：

```
import torch
import torchvision

def get_model():
    return torchvision.models.resnet18(pretrained=True)

def get_pred(model):
    return model(torch.rand([1,3,224,224]))

model = get_model()

for i in range(1,10000):
    get_pred(model)
```

把它保存为 *flametest.py*，在这个脚本上运行 py-spy，每秒采样 99 次，运行 30 秒：

```
py-spy -r 99 -d 30 --flame profile.svg -- python t.py
```

在你的浏览器中打开 *profile.svg* 文件，下面来看得到的图。

读火焰图

大体来讲，图 7-8 显示了火焰图是什么样的（由于采样，你的机器上得到的火焰图可能不完全一样）。首先你可能注意到，这个图是向下的而不是向上。`py-spy` 采用 *icicle* 格式生成火焰图，所以栈看起来像钟乳石，而不是传统火焰图中的火焰。我更喜欢平常的格式，但 `py-spy` 没有提供相应选项来改变格式，不过差别不大。

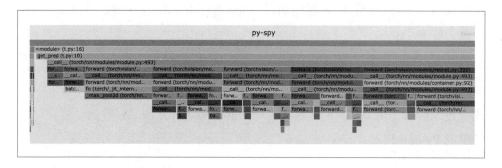

图 7-8：ResNet 加载和推理的火焰图

一眼看去，你会发现大部分执行时间都用在各个 `forward()` 调用上，这是有道理的，因为我们要用这个模型做大量预测。左边的那些小块呢？如果点击这些小块，会看到 SVG 文件放大，如图 7-9 所示。

在这里，可以看到脚本建立了 ResNet-18 模块，还调用了 `load_state_dict()` 从磁盘加载所保存的权重（因为调用时指定 `pretrained=True`）。可以点击 Reset Zoom 回到完整的火焰图。另外，如果你想具体追踪一个函数，右边会用紫色突出显示匹配的函数条。用 *resnet* 来试试看，会显示栈中名字包含 *resnet* 的所有函数调用。这对于查找在栈中出现不多的函数很有用，或者可以查看这个模式在图中出现的总体情况。

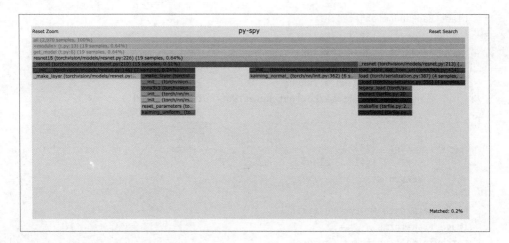

图 7-9：放大的火焰图

可以对这个 SVG 做些尝试，看看在这个小例子中，BatchNorm 和池化之类的工作占用了多少 CPU 时间。接下来，我们来介绍一种方法使用火焰图查找问题，修正问题后，再用另一个火焰图进行验证。

修正一个很慢的转换

在现实情况中，数据流水线中某个部分可能导致速度减慢。尤其是如果有一个很慢的转换，就会存在这个问题，因为这个转换会在一个训练批次中调用多次，这就导致创建模型时出现一个很大的瓶颈。下面是一个示例转换流水线和一个数据加载器：

```python
import torch
import torchvision
from torch import optim
import torch.nn as nn
from torchvision import datasets, transforms, models
import torch.utils.data
from PIL import Image
import numpy as np

device = "cuda:0"
model = models.resnet18(pretrained=True)
model.to(device)
```

```
class BadRandom(object):
    def __call__(self, img):
        img_np = np.array(img)
        random = np.random.random_sample(img_np.shape)
        out_np = img_np + random
        out = Image.fromarray(out_np.astype('uint8'), 'RGB')
        return out

    def __repr__(self):
        str = f"{self.__class__.__name__ }"
        return str

train_data_path = "catfish/train"
image_transforms =
torchvision.transforms.Compose(
  [transforms.Resize((224,224)),BadRandom(), transforms.ToTensor()])
```

我们不打算运行一个完整的训练循环。实际上，这里会模拟 10 个 epoch，只
从训练数据加载器取出图像：

```
train_data = torchvision.datasets.ImageFolder(root=train_data_path,
transform=image_transforms)
batch_size=32
train_data_loader = torch.utils.data.DataLoader(train_data,
batch_size=batch_size)

optimizer = optim.Adam(model.parameters(), lr=2e-2)
criterion = nn.CrossEntropyLoss()

def train(model, optimizer, loss_fn,  train_loader, val_loader,
epochs=20, device='cuda:0'):
    model.to(device)
    for epoch in range(epochs):
        print(f"epoch {epoch}")
        model.train()
        for batch in train_loader:
            optimizer.zero_grad()
            ww, target = batch
            ww = ww.to(device)
            target= target.to(device)
            output = model(ww)
            loss = loss_fn(output, target)
            loss.backward()
            optimizer.step()
```

```
        model.eval()
        num_correct = 0
        num_examples = 0
        for batch in val_loader:
            input, target = batch
            input = input.to(device)
            target= target.to(device)
            output = model(input)
            correct = torch.eq(torch.max(output, dim=1)[1], target).view(-1)
            num_correct += torch.sum(correct).item()
            num_examples += correct.shape[0]
        print( "Epoch {}, accuracy = {:.2f}"
        .format(epoch, num_correct / num_examples))

    train(model,optimizer,criterion,
    train_data_loader,train_data_loader,epochs=10)
```

下面像之前一样在 **py-spy** 下运行这个代码：

```
py-spy -r 99 -d 120 --flame slowloader.svg -- python slowloader.py
```

如果打开得到的 *slowloader.svg*，应该会看到类似图 7-10 的结果。尽管这个
火焰图主要由加载图像和将图像转换为张量所占据，但采样的运行时间中
16.87% 用于应用随机噪声。查看代码，发现我们的 **BadRandom** 实现在 PIL
阶段应用噪声，而不是在张量阶段，所以要倚仗图形库和 NumPy 而不是
PyTorch 本身。因此我们的第一个想法可能是重写这个转换，让它在张量上操
作而不是处理 PIL 图像。这样可能会更快，不过也不一定（做性能调整时，
重要的一点是一定要全面测量）。

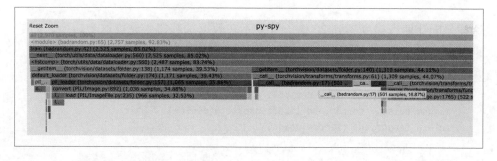

图 7-10：BadRandom 的火焰图

不过这里有个问题很奇怪，其实整本书中都存在这个问题，只不过直到现在我才让你关注这一点，注意到了吗？我们的做法是从数据加载器取出批次，然后把这些批次放在 GPU 上，因为是在加载器从数据集类得到批次时发生转换，所以这些转换总是在 CPU 上进行。有些情况下，这带来一些奇妙的横向思维。我们要在每个图像上应用随机的噪声。能不能一次性地在每个图像上应用随机噪声呢？

乍一看这可能有些令人费解，我们要为一个图像增加随机噪声。这可以写为 $x + y$，x 是我们的图像，y 是要增加的噪声。我们知道，图像和噪声都是 3 维的（宽度、高度、通道），所以这里所做的就是矩阵相乘。在一个批次中，我们要做 z 次矩阵相乘。从加载器取出图像时，会迭代处理每一个图像。不过考虑在这个加载过程的最后，这些图像要转换为张量，这是一批 $[z, c, h, w]$。难道不能直接增加一个形状为 $[z, c, h, w]$ 的随机张量来应用随机噪声吗？不再是按顺序应用噪声，这样能一次对所有图像应用噪声。现在我们要完成一个矩阵操作，另外有一个很昂贵的 GPU，它正好非常擅长矩阵操作。可以在 Jupyter Notebook 尝试看看 CPU 和 GPU 张量矩阵操作的区别：

```
cpu_t1 = torch.rand(64,3,224,224)
cpu_t2 = torch.rand(64,3,224,224)
%timeit cpu_t1 + cpu_t2
>>  5.39 ms ± 4.29 µs per loop (mean ± std. dev. of 7 runs, 100 loops each)

gpu_t1 = torch.rand(64,3,224,224).to("cuda")
gpu_t2 = torch.rand(64,3,224,224).to("cuda")
%timeit gpu_t1 + gpu_t2
>>297 µs ± 338 ns  per loop (mean ± std. dev. of 7 runs, 10000 loops each)
```

这样只能让速度提高不到 20 倍。可以不在数据加载器中完成这个转换，而是把转换拿出来，在得到整个批次之后再完成这个矩阵操作：

```
def add_noise_gpu(tensor, device):
  random_noise = torch_rand_like(tensor).to(device)
  return tensor.add_(random_noise)
```

在我们的训练循环中，在 input.to(device) 后面增加下面这行代码：

```
input = add_noise_gpu(input, device)
```

然后从转换流水线删除 BadRandom 转换，再用 py-spy 测试。新的火焰图如图 7-11 所示。速度非常快，在我们的采样频率下，应用随机噪声的转换甚至不再出现。我们将这个代码的速度几乎提高了 17%! 目前并不是所有标准转换都可以写为一种 GPU 友好的方式，但是如果有这个可能，而且原来的转换会减慢速度，那么这绝对是一个值得考虑的选择。

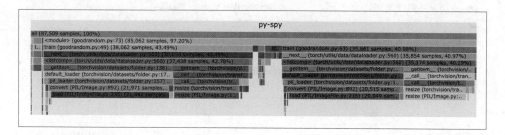

图 7-11：利用 GPU 加速的随机噪声火焰图

我们已经考虑了计算，下面来看另一个重要内容: 内存，特别是 GPU 上的内存。

调试 GPU 问题

这一节中，我们会更深入地研究 GPU 本身。训练较大的深度学习模型时，你很快会发现，你花了那么多钱买的酷炫 GPU（或者可能更明智地使用了云实例上的 GPU）会经常出问题，总是抱怨内存不足。不过要知道 GPU 有数 GB 的内存! 怎么可能不足呢?

模型往往会占用大量内存。例如，ResNet-152 有约 6000 万激活，所有这些都会占用 GPU 上宝贵的空间。下面来看如何查看 GPU 内部，确定内存不足时可能在做什么。

检查你的 GPU

假设你使用了一个 NVIDIA GPU（如果你使用的是其他显卡，需要查看该 GPU 供应商的驱动程序网站来得到相应工具），CUDA 安装包含一个很有用的命令行工具，名为 nvidia-smi。运行时如果没有提供参数，这个工具会给出 GPU 上所用内存的一个快照，更好的一点是，还会给出谁在使用这些内存！图 7-12 显示了在终端上运行 nvidia-smi 的输出。在一个 notebook 中，可以使用 !nvidia-smi 调用这个工具。

```
ian@ubuntu:~/notebooks$ nvidia-smi
Fri Jun  7 10:27:32 2019
+-----------------------------------------------------------------------------+
| NVIDIA-SMI 396.54                 Driver Version: 396.54                     |
|-------------------------------+----------------------+----------------------+
| GPU  Name        Persistence-M| Bus-Id        Disp.A | Volatile Uncorr. ECC |
| Fan  Temp  Perf  Pwr:Usage/Cap|         Memory-Usage | GPU-Util  Compute M. |
|===============================+======================+======================|
|   0  GeForce GTX 108...  Off  | 00000000:01:00.0  On |                  N/A |
| 0%   26C    P8     9W / 250W  |   8079MiB / 11176MiB |      0%      Default |
+-------------------------------+----------------------+----------------------+

+-----------------------------------------------------------------------------+
| Processes:                                                       GPU Memory |
|  GPU       PID   Type   Process name                             Usage      |
|=============================================================================|
|    0      2006      G   /usr/lib/xorg/Xorg                           32MiB  |
|    0      2413      G   /usr/bin/gnome-shell                         58MiB  |
|    0      3993      C   /home/ian/anaconda3/bin/python             1407MiB  |
|    0     17301      C   /home/ian/anaconda3/bin/python              527MiB  |
|    0     19205      C   /home/ian/anaconda3/bin/python              523MiB  |
|    0     31226      C   /home/ian/anaconda3/bin/python              885MiB  |
|    0     32113      C   /home/ian/anaconda3/bin/python             4633MiB  |
+-----------------------------------------------------------------------------+
```

图 7-12：nvidia-smi 的输出

这是在我的家用机器上（使用了一个 1080 Ti）得到的输出。我运行了一组 notebook，每个 notebook 会占用一块内存，但其中有一个使用了 4GB！可以使用 os.getpid() 得到一个 notebook 的当前 PID。可以看到，使用了最多内存的进程实际上是前一节我用来测试 GPU 转换的一个实验 notebook！可以想见，对于这个模型、批数据以及前向和反向传播的数据，很快就会遇到内存不足的问题。

可能有些奇怪，这里还运行了几个处理图形的进程，具体就是 X server 和 GNOME。除非你使用的是一个本地机器，否则肯定看不到这些。

另外，PyTorch 还有一块自己专用的内存，每个进程的 CUDA 约为 0.5GB 内存。这意味着，最好一次做一个项目，而不要像我在这里一样让 Jupyter Notebook 到处运行（可以使用 Kernel 菜单关闭与一个 notebook 连接的 Python 进程）。

如果只是运行 `nvidia-smi` 本身（不带任何标志），会给出 GPU 使用情况的当前快照，不过可以使用 `-l` 标志得到连续的输出。下面是一个示例命令，它会每 5 秒转储一次时间戳、所用内存、自由内存、总内存和 GPU 使用情况：

```
nvidia-smi --query-gpu=timestamp,
memory.used, memory.free,memory.total,utilization.gpu --format=csv -l 5
```

如果确实认为你的 GPU 占用的内存超过了应有的使用量，可以尝试让 Python 的垃圾回收器介入。如果有一个不再需要的 `tensor_to_be_deleted`，你想将它从 GPU 删除，fast.ai 库提供的做法是用 `del` 删除：

```
import gc
del tensor_to_be_deleted
gc.collect()
```

如果你在 Jupyter Notebook 中做了大量创建和重建模型的工作，可能会发现，删除一些引用并用 `gc.collect()` 调用垃圾回收器可以挽回一些内存。如果你在内存方面还有问题，继续读下去，因为还有一种方法可能可以解决你的烦恼！

梯度检查点

尽管可以使用上一节的删除和垃圾回收技巧，但你可能还是发现内存不足。对于大多数应用来说，下一个做法就是减少训练循环中通过模型的数据批量大小。这是可以的，但是这样一来，就会增加每个 epoch 的训练时间，而且与有足够内存来处理更大批量数据的模型相比，这个模型可能稍逊一筹，因为前者每次传播可以看到数据集中的更多数据。不过，在 PyTorch 中可以使用梯度检查点（gradient checkpointing），用计算量为大模型换取内存。

处理更大的模型时，问题之一是前向和反向传播会创建大量中间状态，所有这些都会占用 GPU 内存。梯度检查点的目标就是通过分段（segmenting）减少可能存放在 GPU 上的状态数量。这个方法意味着，模型的批量大小可以达到非分段模型的 4 到 10 倍，但与此同时，训练的计算量更大。在前向传播中，PyTorch 将输入和参数存储到一个分段，但本身并不具体完成前向传播。在反向传播中，由 PyTorch 获取这些输入和参数，为该分段计算前向传播。中间值传递到下一个分段，但这些只能一个分段一个分段地完成。

将一个模型切分为这些分段是由 `torch.utils.checkpoint.checkpoint_sequential()` 处理的。它作用于 `nn.Sequential` 层或生成的层列表，条件是需要按照它们在模型中出现的顺序进行处理。在 AlexNet 中可以如下处理 features 模块：

```python
from torch.utils.checkpoint import checkpoint_sequential
import torch.nn as nn

class CheckpointedAlexNet(nn.Module):

    def __init__(self, num_classes=1000, chunks=2):
        super(CheckpointedAlexNet, self).__init__()
        self.features = nn.Sequential(
            nn.Conv2d(3, 64, kernel_size=11, stride=4, padding=2),
            nn.ReLU(inplace=True),
            nn.MaxPool2d(kernel_size=3, stride=2),
            nn.Conv2d(64, 192, kernel_size=5, padding=2),
            nn.ReLU(inplace=True),
            nn.MaxPool2d(kernel_size=3, stride=2),
            nn.Conv2d(192, 384, kernel_size=3, padding=1),
            nn.ReLU(inplace=True),
            nn.Conv2d(384, 256, kernel_size=3, padding=1),
            nn.ReLU(inplace=True),
            nn.Conv2d(256, 256, kernel_size=3, padding=1),
            nn.ReLU(inplace=True),
            nn.MaxPool2d(kernel_size=3, stride=2),
        )
```

```
        self.avgpool = nn.AdaptiveAvgPool2d((6, 6))
        self.classifier = nn.Sequential(
            nn.Dropout(),
            nn.Linear(256 * 6 * 6, 4096),
            nn.ReLU(inplace=True),
            nn.Dropout(),
            nn.Linear(4096, 4096),
            nn.ReLU(inplace=True),
            nn.Linear(4096, num_classes),
        )

    def forward(self, x):
        x = checkpoint_sequential(self.features, chunks, x)
        x = self.avgpool(x)
        x = x.view(x.size(0), 256 * 6 * 6)
        x = self.classifier(x)
        return x
```

可以看到，这里并没有太多不同，所以必要时，可以很容易地为模型增加检查点。我们为这个新版本的模型增加了一个 chunks 参数，默认地将它分为两个分段。然后所要做的就是调用 checkpoint_sequential 并传入 features 模块、分段数以及我们的输入。就这么简单！

检查点技术有一个小问题：对于 BatchNorm 或 Dropout 层，它的表现不太好，原因在于这些层与前向传播的交互方式。为了避免这个问题，可以只对这些层之前或之后的模型部分增加检查点。在我们的 CheckpointedAlexNet 中，可以把 classifier 模块分解为两部分：包含 Dropout 层的部分不加检查点，另一个部分是最后的一个 nn.Sequential 模块（其中包含我们的 Linear 层），可以像前面对 features 一样用同样的方式为这个模块增加检查点。

如果你发现，为了让一个模型运行你要减少批量大小，在要求得到更大的 GPU 之前，可以先考虑使用检查点！

小结

如果训练模型时没能按计划进行，希望你现在已经知道该如何查找问题出在哪里。从清洗数据到使用火焰图或者 TensorBoard 可视化，你已经有了很多可用的工具。你还了解了一些方法可以利用 GPU 转换用内存换取计算量，以及反过来使用检查点用计算量来换取内存。

有了一个适当训练和调试的模型后，我们要向最严酷的领域进军了：生产环境。

延伸阅读

- TensorBoard 文档（*https://oreil.ly/MELKl*）。

- TensorBoard GitHub（*https://oreil.ly/21bIM*）。

- Fast.ai 第 10 课：Looking Inside The Model（*https://oreil.ly/K4dz-*）。

- ResNet 模型中的 BatchNorm 调查（*https://oreil.ly/EXdK3*）。

- 跟随 Brendan Gregg 更深入地了解生成火焰图（*https://oreil.ly/4Ectg*）。

- nvidia-smi 文档（*https://oreil.ly/W1g0n*）。

- PyTorch 梯度检查点文档（*https://oreil.ly/v0apy*）。

第 8 章

生产环境中使用 PyTorch

既然已经了解了如何使用 PyTorch 对图像、文本和声音分类，下一步来看如何在生产环境中部署 PyTorch 应用。这一章中，我们会创建一些应用在 HTTP 和 gRPC 之上运行 PyTorch 模型进行推理。然后将这些应用打包到 Docker 容器，并部署到 Google Cloud 上运行的一个 Kubernetes 集群。

这一章下半部分，我们会介绍 TorchScript，这是 PyTorch 1.0 引入的一个新技术，允许我们使用即时（just-in-time，JIT）跟踪来生成可以从 C++ 运行的优化模型。我们还会简要介绍如何使用量化压缩模型。首先来看提供模型服务。

提供模型服务

前 6 章都是在介绍用 PyTorch 建立模型，但建立模型只是构建深度学习应用的一部分。毕竟，一个模型可能有惊人的准确度（或者有其他重要指标），但是如果它从不做任何预测，又有什么价值呢？我们希望能有一种简单的方法打包我们的模型，使它们能响应请求（可能通过 Web 或者其他途径，稍后就会看到），而且可以通过最少的努力使模型在生产环境中运行。

幸好 Python 允许我们用 Flask 框架快速地部署和运行一个 Web 服务。在这一节中，我们会建立一个简单的服务，它要加载我们的基于 ResNet 的"猫或鱼"

模型，接受一个请求（包含一个图像 URL），并返回一个 JSON 响应，指示这个图像包含猫还是鱼。

 如果向这个模型发送一个狗的图片会发生什么？模型会告诉你它是鱼或者猫。除了所提供的选择，它没有其他概念，只会从给出的选择中取其一。有些深度学习从业者会在训练中增加另外一个类 Unknown（未知），把不属于任何期望类别的有标签示例样本都归入这一类。这在某种程度上是可行的，不过这实际上会让神经网络学习所有不是猫或鱼的东西，这对你我来说都很难表述，更何况要用一系列矩阵计算来表达！另一种选择是查看最终 softmax 生成的概率输出。如果模型生成的预测为鱼／猫的概率相当（大致为 50/50）或者所有类别的概率均等，就可能建议为 Unknown。

构建一个 Flask 服务

下面来建立和运行一个 Web 服务版本的模型。*Flask* 是用 Python 创建 Web 服务的一个流行框架，这一章中我们将用这个框架作为基础。可以用 pip 或 conda 安装 Flask 库：

```
conda install -c anaconda flask
pip install flask
```

创建一个名为 *catfish* 的新目录，把你的模型定义作为 *model.py* 复制到这个目录中：

```
from torchvision import models

CatfishClasses = ["cat","fish"]

CatfishModel = models.ResNet50()
CatfishModel.fc = nn.Sequential(nn.Linear(transfer_model.fc.in_features,500),
            nn.ReLU(),
            nn.Dropout(), nn.Linear(500,2))
```

注意，这里没有指定预训练模型，因为我们会在 Flask 服务器启动过程中加载我们保存的权重。然后创建另一个 Python 脚本 *catfish_server.py*，要在这个脚本中启动我们的 Web 服务：

```python
from flask import Flask, jsonify
from . import CatfishModel
from torchvision import transforms
import torch
import os

def load_model():
  return model

app = Flask(__name__)

@app.route("/")
def status():
  return jsonify({"status": "ok"})

@app.route("/predict", methods=['GET', 'POST'])
def predict():
  img_url = request.image_url
  img_tensor = open_image(BytesIO(response.content))
  prediction = model(img_tensor)
  predicted_class = CatfishClasses[torch.argmax(prediction)]
  return jsonify({"image": img_url, "prediction": predicted_class})

if __name__ == '__main__':
  app.run(host=os.environ["CATFISH_HOST"], port=os.environ["CATFISH_PORT"])
```

可以通过设置 CATFISH_HOST 和 CATFISH_PORT 环境变量在命令行启动一个 Web 服务：

```
CATFISH_HOST=127.0.0.1 CATFISH_PORT=8080 python catfish_server.py
```

如果在 Web 浏览器中访问 *http://127.0.0.1:8080*，应该能得到一个 status: "ok" JSON 响应，如图 8-1 所示。

图 8-1：CATFISH 的 OK 响应

 这一章后面还会更详细地讨论这个内容，不过不要直接在生产环境中部署 Flask 服务，因为这个内置服务器不适合生产环境使用。

如果要做一个预测，可以找到一个图像 URL，作为一个带 `image_url` 参数的 GET 请求发送到 `/predict` 路径。应该会看到一个 JSON 响应，显示出这个 URL 和所预测的类别，如图 8-2 所示。

图 8-2：CATFISH 的预测

Flask 的魅力在于 `@app.route()` 注解。这些注解允许我们关联平常的 Python 函数，用户达到某个特定端点时就会运行这些函数。在我们的 `predict()` 方法中，从 GET 或 POST HTTP 请求取出 `img_url` 参数，打开这个 URL（作为一个 PIL 图像），把它推入一个简单的 `torchvision` 转换流水线，调整它的大小并把图像转换为一个张量。

这样我们会得到一个形状为 [3,224,224] 的张量，不过由于这个模型的工作方式，需要把它转换为批量大小为 1 的一个批次，也就是 [1,3,224,224]。所以再使用 unsqueeze() 扩展这个张量，在现有维度前面插入一个新的空轴（维度）。然后像往常一样把它传入模型，从而得到我们的预测张量。与前面的做法一样，我们使用 torch.argmax() 找到有最大值的张量元素，并用这个元素作为索引来访问 CatfishClasses 数组。最后，返回一个 JSON 响应，其中包括类别名和做预测的图像 URL。

如果现在尝试这个服务，你可能会对它的分类性能有些失望。我们不是已经花了大量时间训练这个模型吗？没错，我们确实花了很多时间进行训练，但是在重建模型时，我们只是创建了一组完成标准 PyTorch 初始化的模型层！难怪结果不太让人满意。下面将"充实"load_model() 来加载我们的参数。

这里只返回了预测的类别，而没有返回所有类别的完整预测集。当然也可以返回预测张量，不过要知道，完整的张量输出会让攻击者通过更多信息泄漏（information leakage）更容易地建立你的模型的副本。

设置模型参数

第 2 章中，我们讨论了训练之后保存模型的两种方法，可以用 torch.save() 将整个模型写至磁盘，或者使用 state_dict() 保存模型的所有权重和偏置（但不包括结构）。对于这个基于生产环境的服务，我们需要加载一个已训练的模型，那么要使用哪种方法呢？

在我看来，应该选择 state_dict 方法。尽管保存整个模型是一个很有吸引力的选择，但是你会对模型结构的任何改变非常敏感，甚至训练环境目录结构的改变也会产生很大影响。在其他地方运行的不同服务中加载这个模型时很可能会出现问题。如果我们要迁移到一个稍有不同的布局（结构），肯定不希望一切从头再来。

另外，如果是用 state_dicts() 保存模型，加载保存的模型时，最好不要硬编码指定模型的文件名，这样就能将模型更新与服务解耦合。这意味着我们可以用一个新模型重启服务，或者也可以很容易地还原到之前的一个模型。文件名要作为一个参数传入，不过这个参数应该指向哪里呢？对现在来说，假设可以设置一个名为 CATFISH_MODEL_LOCATION 的环境变量并在 load_model() 中使用：

```
def load_model():
    m = CatfishModel()
    location = os.environ["CATFISH_MODEL_LOCATION"]
    m.load_state_dict(torch.load(location))
    return m
```

下面将第 4 章中保存的某个模型权重文件复制到这个目录，并设置 CATFISH_MODEL_LOCATION 指向这个文件：

```
export CATFISH_MODEL_LOCATION=catfishweights.pt
```

重启服务器，应该会看到服务准确多了！

现在我们已经有了一个可用的最简 Web 服务（你可能还希望增加一些错误处理，但我把这留作为你的练习）。不过怎么让它在云平台（比如说 AWS 或 Google Cloud）中一个服务器上运行呢？或者怎么在其他人的笔记本电脑上运行？毕竟，为了能让它正常工作，我们安装了一堆库。可以使用 Docker 将需要的所有内容打包到一个容器（container），只需要很短的时间就能将这个容器安装在任何 Linux 环境中 [或 Windows 环境，但要有新的 WSL（Windows Subsystem for Linux）]。

建立 Docker 容器

在过去几年里，Docker 已经成为打包应用的事实标准之一。很多领先的集群环境（如 Kubernetes）都将 Docker 作为核心来部署应用（这一章后面就会看到），甚至在企业中 Docker 也相当流行。

如果你以前没有见过 Docker，下面做一个简单的解释：它模仿了船运集装箱的概念。你可以指定一组文件（通常使用一个 Dockerfile），Docker 会用这些文件构建一个映像（image），然后在一个容器（container）中运行这个映像。容器是你的系统上的一个隔离进程，只能看到你指定的文件和你让它运行的程序。然后你可以共享这个 Dockerfile，使人们能构建他们自己的映像，不过更常见的方法是把创建的映像推送（push）到一个注册表（registry），注册表是一个 Docker 映像列表，任何有权限的人都可以下载。这些注册表可以是公共的，也可以是私有的。Docker 公司搭建了 Docker Hub（*https://hub.docker.com/*），这是一个公共注册表，包含超过 100000 个 Docker 映像，不过很多公司都建立了私有注册表供内部使用。

我们要做的就是写我们自己的 Dockerfile。这听起来有些可怕。要告诉 Docker 安装什么呢？我们的代码？PyTorch？Conda？Python？Linux 本身？好在 Dockerfile 可以继承其他映像，所以我们可以利用继承，例如，继承标准 Ubuntu 映射，并在此基础上安装 Python、PyTorch 和所有其他的库。不过，我们还可以做得更好！已经有一些 Conda 映像可供选择，这些映像能提供一个基本的 Linux、Python 和 Anaconda 安装，我们可以在这个基础上构建应用。下面给出一个示例 Dockerfile，可以用来为我们的服务构建一个容器映像：

```
FROM continuumio/miniconda3:latest

ARG model_parameter_location
ARG model_parameter_name
ARG port
ARG host

ENV CATFISH_PORT=$port
ENV CATFISH_HOST=$host
ENV CATFISH_MODEL_LOCATION=/app/$model_parameter_name

RUN conda install -y flask \
  && conda install -c pytorch  torchvision \
  && conda install waitress
RUN mkdir -p /app

COPY ./model.py /app
COPY ./server.py /app
COPY $model_location/$model_weights_name /app/
COPY ./run-model-service.sh /

EXPOSE $port

ENTRYPOINT ["/run-model-service.sh"]
```

这里做了很多事情，所以下面简单做个说明。几乎所有 Dockerfile 的第一行都是 FROM，会列出这个文件继承的 Docker 映像。在这里，所继承的映像是 continuumio/miniconda3:latest。这个字符串的第一个部分是映像名。映像也是有版本的，所以冒号后面的部分是一个标记（tag），指示了我们想下载的映像版本。还有一个神奇的标记 latest，这里就使用了这个标记来下载所要的那个映像的最新版本。你可能想让你的服务固定在某个特定的映像版本，这样以后就不会因为基映像的改变导致你的服务出问题而感到惊讶。

ARG 和 ENV 要处理变量。ARG 指定一个变量，这会在我们构建映像时提供给 Docker，然后可以在 Dockerfile 中使用这个变量。ENV 允许指定将在运行时注入容器的环境变量。在我们的容器中，使用 ARG 指定了一些变量，例如端口是一个可配置的选项，然后使用 ENV 确保脚本启动时可以使用这个配置。

在此之后，RUN 和 COPY 允许我们管理所继承的映像。RUN 在映像中运行具体命令，所有改变都会保存为基映像层之上的一个新的映像层。COPY 从 Docker 构建上下文得到某些文件或目录（通常是构建命令指定的目录或任何子目录中的任何文件），并插入到映像文件系统中的某个位置。使用 RUN 创建了 /app 目录后，再使用 COPY 将我们的代码和参数移入这个映像。

EXPOSE 指示 Docker 哪个端口要映射到外部世界。默认地，所有端口都不打开，所以这里我们增加了一个端口，这是从这个文件前面的 ARG 命令得到的。最后，ENTRYPOINT 是创建容器时运行的默认命令。这里指定了一个脚本，不过我们还没有建立这个脚本！在构建我们的 Docker 映像之前，先写出这个脚本：

```
#!/bin/bash
#run-model-service.sh
cd /app
waitress-serve --call 'catfish_server:create_app'
```

等一下，这是怎么回事？waitress 是哪里来的？这里的问题是，之前运行基于 Flask 的服务器时，它使用了一个原本只用于调试目的的简单 Web 服务器。如果想要在生产环境使用，就需要一个生产级的 Web 服务器。Waitress 可以满足这个要求。我们不需要太详细地介绍这个服务器，不过如果你想了解更多，可以查看 Waitress 文档（*https://oreil.ly/x96Ir*）。

完成所有这些设置后，终于可以使用 docker build 创建我们的映像了：

```
docker build -t catfish-service .
```

可以使用 docker images 确认这个映像在我们的系统上确实可用：

```
>docker images
REPOSITORY TAG IMAGE ID
catfish-service latest e5de5ad808b6
```

然后使用 docker run 运行我们的模型预测服务：

```
docker run catfish-service -p 5000:5000
```

这里还使用 -p 参数将容器的端口 5000 映射到本机上的端口 5000。现在应该能像从前一样访问 *http://localhost:5000/predict*。

本地运行 docker images 时可能会注意到一个问题，我们的 Docker 映像大小超过了 4GB！这实在太大了，要知道我们并没有写太多代码。下面来看有什么方法可以缩小映像，使我们的映像更适合部署。

本地与云存储

我们保存的模型参数要存储在哪里？显然，对于这个问题，最简单的答案就是存储在本地文件系统中（不论是在我们的计算机上，还是在一个 Docker 容器中的文件系统中）。不过，这会有两个问题。首先，模型硬编码在映像中。而且，构建了映像并在生产环境使用后，很有可能需要更新这个模型。利用当前的 Dockerfile，我们必须完全重新构建映像，尽管模型的结构并没有改变！其次，我们的映像之所以那么大，主要是因为参数文件很大。你可能没有注意到，参数文件往往非常大！可以试着看看模型的大小：

```
ls -l
```

```
total 641504
-rw------- 1 ian ian 178728960 Feb  4  2018 resnet101-5d3b4d8f.pth
-rw------- 1 ian ian 241530880 Feb 18  2018 resnet152-b121ed2d.pth
-rw------- 1 ian ian  46827520 Sep 10  2017 resnet18-5c106cde.pth
-rw------- 1 ian ian  87306240 Dec 23  2017 resnet34-333f7ec4.pth
-rw------- 1 ian ian 102502400 Oct  1  2017 resnet50-19c8e357.pth
```

如果每次构建都要把这些模型增加到文件系统，我们的 Docker 映像很可能非常大，这会让推送和拉取变慢。我的建议是，如果你要在户内（on-premises）运行，就选择本地文件系统或 Docker 的卷映射容器，不过，如果你要完成一个云部署（这也是我们要做的），那么最好充分利用云。模型参数文件可以上传到 Azure Blob Storage、Amazon Simple Storage Service (Amazon S3) 或 Google Cloud Storage，再在启动时拉取。

可以重写我们的 load_model() 函数，在启动时下载参数文件：

```
from urllib.request import urlopen
from shutil import copyfileobj
from tempfile import NamedTemporaryFile


def load_model():
  m = CatfishModel()
  parameter_url = os.environ["CATFISH_MODEL_LOCATION"]
  with urlopen(url) as fsrc, NamedTemporaryFile() as fdst:
    copyfileobj(fsrc, fdst)
    m.load_state_dict(torch.load(fdst))
  return m
```

当然，使用 Python 有很多下载文件的方法，Flask 甚至提供了 requests 模块，可以很容易地下载文件。不过，一个潜在的问题是，很多方法在把文件写至磁盘之前都会把整个文件下载到内存中。大多数情况下这样是可以的，但是下载模型参数文件时，可能会达到数 GB 之多。所以，在这个新版本的 load_model() 中，我们使用了 urlopen() 和 copyfileobj() 来完成复制，另外使用 NamedTemporaryFile() 提供一个目标，这个目标文件可以在模块最后删除，到那时我们已经加载了参数，所以不再需要这个文件！这样就能简化我们的 Dockerfile：

```
FROM continuumio/miniconda3:latest

ARG port
ARG host

ENV CATFISH_PORT=$port
RUN conda install -y flask \
  && conda install -c pytorch torch torchvision \
  && conda install waitress
RUN mkdir -p /app

COPY ./model.py /app
COPY ./server.py /app
COPY ./run-model-service.sh /

EXPOSE $port

ENTRYPOINT ["/run-model-service.sh"]
```

使用 docker run 运行时，传入环境变量：

```
docker run catfish-service --env CATFISH_MODEL_LOCATION=[URL]
```

现在服务从 URL 拉取参数，这个 Docker 映像可能比原来的映像小
600~700MB 左右。

 在这个例子中，我们假设模型参数文件位于一个可以公开访问的位置。如果
你在部署一个模型服务，很可能并不是这种情况，而是要从一个云存储层拉
取参数文件，如 Amazon S3, Google Cloud Storage 或 Azure Blob Storage。
如果是这样，就必须使用相应供应商的 API 下载文件并得到访问凭据，这些
内容不在这里讨论。

现在我们有了一个模型服务，可以通过 HTTP 用 JSON 交互。下面需要确保
模型做预测时我们能进行监控。

日志和遥测

当前这个服务还缺少一项内容，这里没有任何日志的概念。尽管这个服务极其简单，可能不需要太多的日志（除非要捕获我们的错误状态），但日志对于我们跟踪预测很有用，甚至可以说是必不可少的。有时我们可能想评价模型；如果没有生产数据怎么能做到呢？

下面假设有一个方法 send_to_log()，这个方法接受一个 Python dict，会把它发送到其他地方（比如说，可能发送到基于云存储的一个 Apache Kafka 集群）。每次做出一个预测时，可以通过这个方法发送适当的信息：

```
import uuid
import logging
logging.basicConfig(level=logging.INFO)

def predict():
  img_url = request.image_url
  img_tensor = open_image(BytesIO(response.content))
  start_time = time.process_time()
  prediction = model(img_tensor)
  end_time = time.process_time()
  predicted_class = CatfishClasses[torch.argmax(prediction)]
  send_to_log(
    {"image": img_url,
    "prediction": predicted_class},
    "predict_tensor": prediction,
    "img_tensor": img_tensor,
    "predict_time": end_time-start_time,
    "uuid":uuid.uuid4()
    })
  return jsonify({"image": img_url, "prediction": predicted_class})

  def send_to_log(log_line):
    logger.info(log_line)
```

这个方法增加了几行代码来计算做出一个预测花费的时间，对于每个请求，现在它会向一个日志记录器或一个外部资源发送一个消息，提供一些重要的细节，如图像 URL、预测类别、具体的预测张量，甚至如果所提供的 URL 是临时的，还可以提供完整的图像张量。我们还包含了生成的一个通用唯一识别码（universally unique identifier，UUID），这样以后总能唯一地引用这个预测（可能需要更正它的预测类别）。在实际部署中，往往会包括类似 user_id 的信息，这样下游系统就能为用户提供一个工具来指示预测是否正确，并为模型进一步的训练迭代悄悄生成更多训练数据。

了解这些之后，下面要把我们的容器部署到云。先来简要介绍如何使用 Kubernetes 托管和扩缩我们的服务。

在 Kubernetes 上部署

过于深入地讨论 Kubernetes 超出了本书的范围，所以我们只介绍有关的基本内容，包括如何快速建立和运行一个服务[注1]。Kubernetes（也称 k8s）迅速成为主要的云集群框架。Kubernetes 来源于 Google 原来的集群管理软件 Borg，可以提供一种弹性而可靠的方式运行服务，并包含所需的所有关键组件和策略，包括负载平衡器、资源配额、扩缩容策略、流量管理、共享秘密等。

可以下载并在你的本地机器或者云账户中部署 Kubernetes，不过推荐的做法是使用一个托管服务，其中，Kubernetes 本身的管理由云提供商处理，你只需要考虑如何调度你的服务。我们使用 Google Kubernetes Engine (GKE) 服务来完成部署，不过也可以部署在 Amazon, Azure 或 DigitalOcean 上。

使用 Google Kubernetes Engine 部署

要使用 GKE，需要有一个 Google Cloud 账户（*https://cloud.google.com/*）。另外，在 GKE 上运行服务不是免费的。好的一点是，如果你是 Google Cloud 新用户，会得到 300 美元的免费试用额度，而我们实际的花费可能不会超过一两美元。

有了账户后，为你的系统下载 gcloud SDK（*https://cloud.google.com/sdk*）。一旦安装，可以用它安装 kubectl，我们要用这个应用与将创建的 Kubernetes 集群交互：

注 1: John Arundel 和 Justin Domingus 的《Cloud Native DevOps with Kubernetes》(O'Reilly) 深入地分析了这个框架。

```
gcloud login
gcloud components install kubectl
```

然后需要创建一个新工程（project），Google Cloud 通过这种方式组织你的
账户中的计算资源：

```
gcloud projects create ml-k8s --set-as-default
```

接下来，重新构建并标记我们的 Docker 映像，从而可以把它推送到 Google
提供的内部注册表（我们需要使用 gcloud 进行认证），然后可以用 docker
push 将我们的容器映像上传到云。注意，还要用一个 v1 版本标记对我们的服
务加标记（之前没有这样做过）：

```
docker build -t gcr.io/ml-k8s/catfish-service:v1 .
gcloud auth configure-docker
docker push gcr.io/ml-k8s/catfish-service:v1
```

创建一个 k8s 集群

现在可以创建我们的 Kubernetes 集群了。在下面的命令中，我们要创建一个
包含两个 n1-standard-1 节点的集群，这是 Google 最便宜、功能最低的实例。
如果你确实想省钱，也可以创建只有一个节点的集群。

```
gcloud container clusters create ml-cluster --num-nodes=2
```

完全初始化这个新集群可能要花几分钟时间。一旦完成，可以使用 kubectl
部署我们的应用！

```
kubectl run catfish-service
--image=gcr.io/ml-k8s/catfish-service:v1
--port 5000
--env CATFISH_MODEL_LOCATION=[URL]
```

注意，这里要将模型参数文件的位置作为一个环境变量传入，这与在本地机
器上使用 docker run 命令时的做法相同。可以使用 kubectl get pods 查看
集群上运行了哪些 pod。pod 是一组容器，其中包含一个或多个容器，它们按

照运行和管理这些容器的一个规范组合在一起。对我们来说，我们要在 pod 中的一个容器里运行我们的模型。应该会看到类似下面的输出：

```
NAME READY STATUS RESTARTS AGE
gcr.io/ml-k8s/catfish-service:v1 1/1 Running 0 4m15s
```

好的，可以看到应用正在运行，但是如何与它交互呢？为此，我们需要部署一个服务（service），在这里就是要部署一个负载平衡器，将一个外部 IP 地址映射到我们的内部集群：

```
kubectl expose deployment catfish-service
--type=LoadBalancer
--port 80
--target-port 5000
```

然后可以查看正在运行的服务，使用 kubectl get services 得到外部 IP：

```
kubectl get service

NAME             CLUSTER-IP      EXTERNAL-IP    PORT(S)        AGE
catfish-service  10.3.251.122    203.0.113.0    80:30877/TCP   3d
```

现在应该就能像在你的本地机器上一样访问 *http://external-ip/predict* 了。大功告成！还可以查看 pod 的日志而不需要登录：

```
kubectl logs catfish-service-xxdsd
>> log response
```

现在有了一个在 Kubernetes 集群中运行的部署。下面来研究它提供的一些功能。

扩缩服务

假设我们认为一个 pod 不足以处理进入这个预测服务的所有流量。在一个传统部署中，我们必须启用新的服务器，把它们增加到负载平衡器，并明确如果其中一个服务器失败该怎么做。不过，使用 Kubernetes 时，所有这些可以轻松做到。下面确保要运行这个服务的 3 个副本：

```
kubectl scale deployment hello-web --replicas=3
```

如果继续查看 kubectl get pods，很快会看到 Kubernetes 将从你的 Docker 映像创建另外两个 pod，并把它们加入负载平衡器。更妙的是，下面来看如果删除其中一个 pod 会发生什么：

```
kubectl delete pod [PODNAME]
kubectl get pods
```

可以看到，我们指定的 pod 已经删除。不过，你还会看到，会创建一个新的 pod 取而代之！我们告诉 Kubernetes 要运行这个映像的 3 个副本，由于我们删除了一个，所以集群会启动一个新 pod 从而确保达到我们请求的副本数。这一点还体现在更新我们的应用时，下面就来看看。

更新和清理

要向我们的服务代码推送一个更新时，要用一个 v2 标记创建容器的一个新版本：

```
docker build -t gcr.io/ml-k8s/catfish-service:v2 .
docker push gcr.io/ml-k8s/catfish-service:v2
```

然后告诉集群使用这个新映像完成部署：

```
kubectl set image deployment/catfish-service
catfish-service=gcr.io/ml-k8s/catfish-service:v2
```

通过 kubectl get pods 保持监视，你会看到，有新映像的新 pod 会滚动启用，而有老映像的 pod 被删除。Kubernetes 会自动负责清除连接并从负载平衡器删除老的 pod。

最后，如果已经使用完集群，就要完成清理，以免将来出现意外费用：

```
kubectl delete service catfish-service
gcloud container clusters delete ml-k8s
```

对 Kubernetes 的简要介绍就到此结束。现在你已经了解了足够的内容，不过一定要查看 Kubernetes 网站（*https://kubernetes.io/*）作为起点来了解这个系统的更多信息（相信我，这个网站提供了非常多的信息）。

我们已经介绍了如何部署基于 Python 的代码，但是可能有些奇怪，PyTorch 并不仅限于 Python。下一节中，你会看到 TorchScript 如何引入更广阔的 C++ 世界，还会了解对普通 Python 模型的一些优化。

TorchScript

如果你还记得（我知道你会记得），很早以前我们在前言中介绍过，PyTorch 和 TensorFlow 的主要区别是 TensorfFlow 有一个基于图的模型表示，而 PyTorch 有一个动态图机制（eager execution），并且采用基于磁带的微分工作方式（tape-based differentiation）。Eager 方法允许使用各种动态方法来指定和训练模型，这使得 PyTorch 非常适用于研究。另一方面，基于图的表示可能是静态的，但是这种稳定性也有好处；可以对图表示应用优化，因为可以确定不会有任何变化。随着 TensorFlow 在 2.0 版本中转向支持动态图机制，PyTorch 的 1.0 版本则引入了 TorchScript，这种方法可以提供基于图的系统的优点，同时没有完全放弃 PyTorch 的灵活性。这有两种方式（这两种方式可以混合搭配）：跟踪和直接使用 TorchScript。

跟踪

PyTorch 1.0 提供了一个 JIT 跟踪引擎，可以把一个现有的 PyTorch 模块或函数转换为一个 TorchScript 模块或函数。为此，它将一个示例张量传入模块，返回一个 `ScriptModule` 结果，其中包含原代码的 TorchScript 表示。

下面来看如何跟踪 AlexNet：

```
model = torchvision.models.AlexNet()
traced_model = torch.jit.trace(model,
            torch.rand(1, 3, 224, 224))
```

这可以工作，但是你会从 Python 解释器得到这样一个消息，这会让工作暂停：

```
TracerWarning: Trace had nondeterministic nodes. Nodes:
%input.15 :
Float(1, 9216) = aten::dropout(%input.14, %174, %175),
scope: AlexNet/Sequential[classifier]/Dropout[0]
%input.18 :
Float(1, 4096) = aten::dropout(%input.17, %184, %185),
scope: AlexNet/Sequential[classifier]/Dropout[3]

This may cause errors in trace checking.
To disable trace checking, pass check_trace=False to torch.jit.trace()

_check_trace([example_inputs], func, executor_options,
module, check_tolerance, _force_outplace)
/home/ian/anaconda3/lib/
python3.6/site-packages/torch/jit/__init__.py:642:
TracerWarning: Output nr 1. of the traced function does not
match the corresponding output of the Python function. Detailed error:

Not within tolerance rtol=1e-05 atol=1e-05 at input[0, 22]
(0.010976361110806465 vs. -0.005604125093668699)
and 996 other locations (99.00%)
_check_trace([example_inputs], func,
executor_options, module, check_tolerance
_force_outplace)
```

这里发生了什么？我们创建 AlexNet（或其他模型）时，模型是以训练模式实例化。在很多模型（如 AlexNet）的训练过程中，都使用了一个 Dropout 层，它会在张量通过网络时随机地删除一些激活。JIT 所做的就是把通过模型生成的随机张量发送两次，进行比较，指出 Dropout 层不匹配。这揭示了使用跟踪功能的一个重要警告，不能使用跟踪来处理不确定性或控制流。如果你的模型使用了这些特性，那么至少必须对转换部分直接使用 TorchScript。

不过，对于 AlexNet，修正很容易：可以使用 model.eval() 把模型切换到评价模式。如果再次运行跟踪代码，会发现它能顺利完成而不会报错。还可以使用 print() 打印跟踪的模型来看它的组成：

```
print(traced_model)

TracedModule[AlexNet](
(features): TracedModule[Sequential](
  (0): TracedModule[Conv2d]()
  (1): TracedModule[ReLU]()
  (2): TracedModule[MaxPool2d]()
  (3): TracedModule[Conv2d]()
  (4): TracedModule[ReLU]()
  (5): TracedModule[MaxPool2d]()
  (6): TracedModule[Conv2d]()
  (7): TracedModule[ReLU]()
  (8): TracedModule[Conv2d]()
  (9): TracedModule[ReLU]()
  (10): TracedModule[Conv2d]()
  (11): TracedModule[ReLU]()
  (12): TracedModule[MaxPool2d]()
)
(classifier): TracedModule[Sequential](
  (0): TracedModule[Dropout]()
  (1): TracedModule[Linear]()
  (2): TracedModule[ReLU]()
  (3): TracedModule[Dropout]()
  (4): TracedModule[Linear]()
  (5): TracedModule[ReLU]()
  (6): TracedModule[Linear]()
  )
)
```

如果调用 print(traced_model.code)，还可以看到 JIT 引擎创建的代码：

```
def forward(self,
  input_1: Tensor) -> Tensor:
  input_2 = torch._convolution(input_1, getattr(self.features, "0").weight,
  getattr(self.features, "0").bias,
  [4, 4], [2, 2], [1, 1], False, [0, 0], 1, False, False, True)
  input_3 = torch.threshold_(input_2, 0., 0.)
  input_4, _0 = torch.max_pool2d_with_indices
  (input_3, [3, 3], [2, 2], [0, 0], [1, 1], False)
  input_5 = torch._convolution(input_4, getattr
  (self.features, "3").weight, getattr(self.features, "3").bias,
  [1, 1], [2, 2], [1, 1], False, [0, 0], 1, False, False, True)
  input_6 = torch.threshold_(input_5, 0., 0.)
  input_7, _1 = torch.max_pool2d_with_indices
  (input_6, [3, 3], [2, 2], [0, 0], [1, 1], False)
```

```
input_8 = torch._convolution(input_7, getattr(self.features, "6").weight,
getattr
(self.features, "6").bias,
[1, 1], [1, 1], [1, 1], False, [0, 0], 1, False, False, True)
input_9 = torch.threshold_(input_8, 0., 0.)
input_10 = torch._convolution(input_9, getattr
(self.features, "8").weight, getattr(self.features, "8").bias,
[1, 1], [1, 1], [1, 1], False, [0, 0], 1, False, False, True)
input_11 = torch.threshold_(input_10, 0., 0.)
input_12 = torch._convolution(input_11, getattr
(self.features, "10").weight, getattr(self.features, "10").bias,
[1, 1], [1, 1], [1, 1], False, [0, 0], 1, False, False, True)
input_13 = torch.threshold_(input_12, 0., 0.)
x, _2 = torch.max_pool2d_with_indices
(input_13, [3, 3], [2, 2], [0, 0], [1, 1], False)
_3 = ops.prim.NumToTensor(torch.size(x, 0))
input_14 = torch.view(x, [int(_3), 9216])
input_15 = torch.dropout(input_14, 0.5, False)
_4 = torch.t(getattr(self.classifier, "1").weight)
input_16 = torch.addmm(getattr(self.classifier, "1").bias,
  input_15, _4, beta=1, alpha=1)
input_17 = torch.threshold_(input_16, 0., 0.)
input_18 = torch.dropout(input_17, 0.5, False)
_5 = torch.t(getattr(self.classifier, "4").weight)
input_19 = torch.addmm(getattr(self.classifier, "4").bias,
  input_18, _5, beta=1, alpha=1)
input = torch.threshold_(input_19, 0., 0.)
_6 = torch.t(getattr(self.classifier, "6").weight)
_7 = torch.addmm(getattr(self.classifier, "6").bias, input,
  _6, beta=1, alpha=1)
return _7
```

然后可以用 torch.jit.save 保存这个模型（代码和参数）：

```
torch.jit.save(traced_model, "traced_model")
```

以上介绍了跟踪如何工作。下面来看如何使用 TorchScript。

脚本

你可能想知道为什么不能全部都使用跟踪。尽管跟踪器很擅长跟踪工作，但也有限制。例如，类似下面的简单函数就不可能一趟完成跟踪：

```
import torch

def example(x, y):
    if x.min() > y.min():
        r = x
    else:
        r = y
    return r
```

对这个函数的一次跟踪只能走一条路，而无法走另一个分支，这意味着这个函数不能正确地转换。在这些情况下，可以使用 TorchScript（这是 Python 的一个有限子集）并生成编译代码。使用一个注解（annotation）告诉 PyTorch 我们要使用 TorchScript，所以 TorchScript 实现可能如下所示：

```
import torch

def example(x, y):
    if x.min() > y.min():
        r = x
    else:
        r = y
    return r
```

让人兴奋的是，在这个函数中，我们没有使用 TorchScript 中没有的结构，也没有引用任何全局状态，所以这个函数还能用。如果要创建一个新架构，需要继承 torch.jit.ScriptModule 而不是 nn.Module。你可能想知道，如果所有模块都必须继承这个不同的类，那么如何使用其他模块（比如基于 CNN 的层）？是不是一切都要稍有不同？解决办法是，可以根据需要使用显式 TorchScript 和跟踪对象来混合搭配这两种方法。

下面再来看第 3 章的 CNNNet/AlexNet 结构，看看如何使用这两个方法的组合把它转换到 TorchScript。为简单起见，我们只实现 features 组件：

```
class FeaturesCNNNet(torch.jit.ScriptModule):
    def __init__(self, num_classes=2):
        super(FeaturesCNNNet, self).__init__()
        self.features = torch.jit.trace(nn.Sequential(
            nn.Conv2d(3, 64, kernel_size=11, stride=4, padding=2),
```

```
            nn.ReLU(),
            nn.MaxPool2d(kernel_size=3, stride=2),
            nn.Conv2d(64, 192, kernel_size=5, padding=2),
            nn.ReLU(),
            nn.MaxPool2d(kernel_size=3, stride=2),
            nn.Conv2d(192, 384, kernel_size=3, padding=1),
            nn.ReLU(),
            nn.Conv2d(384, 256, kernel_size=3, padding=1),
            nn.ReLU(),
            nn.Conv2d(256, 256, kernel_size=3, padding=1),
            nn.ReLU(),
            nn.MaxPool2d(kernel_size=3, stride=2)
        ), torch.rand(1,3,224,224))

    @torch.jit.script_method
    def forward(self, x):
        x = self.features(x)
        return x
```

这里有两点要说明。首先，在类中，需要使用 `@torch.jit.script_method`
加注解。其次，尽管可以单个地跟踪每一个不同的层，不过这里利用了
`nn.Sequential` 包装器层来启动跟踪。你可以自己实现 `classifier` 块来感受
一下这种混合是如何工作的。要记住，要把 Dropout 层切换为 `eval()` 模式
而不是训练模式，另外输入跟踪张量的形状应当是 `[1, 256, 6, 6]`，因为
`features` 块完成了下采样。没错，类似于前面跟踪模块的做法，也可以使用
`torch.jit.save` 保存这个网络。下面来看 TorchScript 允许我们做什么，不允
许做什么。

TorchScript 限制

在我看来，与 Python 相比，TorchScript 最大的限制是可用的类型有所减少。
表 8-1 列出了哪些类型可用，哪些不可用。

表 8-1：TorchScript 中可用的 Python 类型

类型	描述
tensor	有任何 dtype、维度或后端的 PyTorch 张量
tuple[T0,T1,...]	包含子类型 T0、T1 等等的一个元组（例如 tuple[tensor, tensor]）

表 8-1：TorchScript 中可用的 Python 类型（续）

类型	描述
boolean	Boolean
str	String
int	Int
float	Float
list	类型 T 的列表
optional[T]	可以是 *None* 或类型 T
dict[K, V]	键类型为 K，值类型为 V 的字典（dict）；K 只能是 str, int 或 float

还有一点在标准 Python 中可以做而在 TorchScript 中不能做：TorchScript 中
函数不能混合不同的返回类型。下面在 TorchScript 中是不合法的：

```
def maybe_a_string_or_int(x):
  if x > 3:
    return "bigger than 3!"
  else
    return 2
```

当然，实际上这在 Python 中也不是一个好主意，不过 Python 语言的动态类
型确实允许这样做。TorchScript 是静态类型语言（这也有助于应用优化），
所以在加 TorchScript 注解的代码中这是不允许的。另外，TorchScript 认为传
入函数的每一个参数都是一个张量，如果你不知道类型是什么，会得到奇怪
的结果：

```
@torch.jit.script
def add_int(x,y):
  return x + y

print(add_int.code)
>> def forward(self,
  x: Tensor,
  y: Tensor) -> Tensor:
  return torch.add(x, y, alpha=1)
```

要强制不同的类型，需要使用 Python 3 的类型修饰符：

```
@torch.jit.script
def add_int(x: int, y: int) -> int:
  return x + y
print(add_int.code)
>> def forward(self,
  x: int,
  y: int) -> int:
return torch.add(x, y)
```

你已经看到，TorchScript 支持类，不过有一些小问题。一个类的所有方法都
必须是合法的 TorchScript，但是尽管以下代码看上去是合法的，实际上却会
失败：

```
@torch.jit.script
class BadClass:
  def __init__(self, x)
    self.x = x

  def set_y(y)
    self.y = y
```

同样的，这也是 TorchScript 静态类型的结果。所有实例变量都必须在
__init__ 中声明，而不能在其他地方引入。另外，也不要在类中包含未放在
方法中的表达式，不要有这种想法，这是 TorchScript 明确禁止的。

作为 Python 的一个子集，TorchScript 有一个有用的特性：转换可以用一
种"零碎"的方式进行，中间代码仍是合法的可执行的 Python 代码。兼容
TorchScript 的代码可以调用不兼容 TorchScript 的代码，直到转换了所有不兼
容代码之后才能执行 torch.jit.save()，尽管如此，仍然可以在 Python 下运
行所有代码。

以上是我考虑到的 TorchScript 的主要问题。你可以在 PyTorch 文档（*https://
oreil.ly/sS0o7*）中了解更多，其中深入介绍了诸如作用域等内容（大多是标准
的 Python 规则），不过根据这里简要介绍的内容，应该足以对这本书中目前
为止看到的所有模型完成转换。我们不打算重复那些参考文献的内容，下面
来看如何在 C++ 中使用一个 TorchScript 模型。

使用 libTorch

除了 TorchScript，PyTorch 1.0 还引入了 `libTorch`，这是一个用来与 PyTorch 交互的 C++ 库。提供了不同层次的 C++ 交互。最底层是 `ATen` 和 `autograd`，这是 PyTorch 本身所基于的张量和自动微分的 C++ 实现。在这一层之上是一个 C++ 前端，用 C++ 复制了 Python 的 PyTorch API（这是 TorchScript 的一个接口）。最后还有一个扩展接口，允许定义新的定制 C++/CUDA 操作符，并提供给 PyTorch 的 Python 实现。这本书中我们只关心 C++ 前端和 TorchScript 接口，不过 PyTorch 文档（*https://oreil.ly/y6NP5*）提供了其他部分的更多信息。下面首先来得到 `libTorch`。

得到 libTorch 和 Hello World

在做其他工作之前，我们需要一个 C++ 编译器，还需要一种方法在我们的机器上构建 C++ 程序。这本书中只有很少一部分工作不适合使用 Google Colab，这就是其中之一，所以如果不能很容易地访问一个终端窗口，你可能必须在 Google Cloud、AWS 或 Azure 中创建一个虚拟机（我曾建议不要组装自己的专用机器，我相信，忽略这个建议的人现在肯定在沾沾自喜）。`libTorch` 要求有一个 C++ 编译器和 *CMake*，下面就来安装。在基于 Debian 的系统中，使用这个命令：

```
apt install cmake g++
```

如果你在使用一个基于 Red Hat 的系统，要使用以下命令：

```
yum install cmake g++
```

接下来，需要下载 `libTorch` 本身。为了让后面的工作更容易一些，我们会使用基于 CPU 的 `libTorch` 发布版本，而不用处理 GPU 版本带来的额外 CUDA 依赖库。创建一个名为 *torchscript_export* 的目录存放这个发布版本：

```
wget https://download.pytorch.org/libtorch/cpu/libtorch-shared-with-deps-latest.zip
```

使用 `unzip` 解压缩这个 ZIP 文件（会创建一个新的 *libtorch* 目录），另外创建一个名为 *helloworld* 的目录。在这个目录中，我们要增加一个最小 *CMakeLists.txt*，CMake 将用它构建我们的可执行文件：

```
cmake_minimum_required(VERSION 3.0 FATAL_ERROR)
project(helloworld)

find_package(Torch REQUIRED)

add_executable(helloworld helloworld.cpp)
target_link_libraries(helloworld "${TORCH_LIBRARIES}")
set_property(TARGET helloword PROPERTY CXX_STANDARD 11)
```

helloworld.cpp 如下所示：

```
#include <torch/torch.h>
#include <iostream>

int main() {
  torch::Tensor tensor = torch::ones({2, 2});
  std::cout << tensor << std::endl;
}
```

创建一个 *build* 目录，并运行 **cmake**，确保提供 *libtorch* 发布版本的绝对（absolute）路径：

```
mkdir build
cd build
cmake -DCMAKE_PREFIX_PATH=/absolute/path/to/libtorch ..
cd ..
```

现在可以运行 make 来创建我们的可执行文件：

```
make
./helloworld
1 1
1 1
[ Variable[CPUType]{2,2} ]
```

祝贺你，你已经用 libTorch 构建了你的第一个 C++ 程序！下面我们在这个基础上扩展，看看如何使用这个库加载之前用 torch.jit.save() 保存的一个模型。

导入一个 TorchScript 模型

我们将导出第 3 章中的完整 CNNNet 模型，把它加载到 C++ 中。在 Python 中，创建 CNNNet 的一个实例，把它切换为 eval() 模式从而忽略 Dropout，完成跟踪，然后保存到磁盘：

```
cnn_model = CNNNet()
cnn_model.eval()
cnn_traced = torch.jit.trace(cnn_model, torch.rand([1,3,224,224]))
torch.jit.save(cnn_traced, "cnnnet")
```

在 C++ 世界里，创建一个名为 *load-cnn* 的新目录，在这个目录中加入这个新的 *CMakeLists.txt* 文件：

```
cmake_minimum_required(VERSION 3.0 FATAL_ERROR)
project(load-cnn)

find_package(Torch REQUIRED)

add_executable(load-cnn.cpp load-cnn.cpp)
target_link_libraries(load-cnn "${TORCH_LIBRARIES}")
set_property(TARGET load-cnn PROPERTY CXX_STANDARD 11)
```

下面创建我们的 C++ 程序 load-cnn.cpp：

```
#include <torch/script.h>
#include <iostream>
#include <memory>

int main(int argc, const char* argv[]) {

  std::shared_ptr<torch::jit::script::Module> module =
torch::jit::load("cnnnet");

  assert(module != nullptr);
  std::cout << "model loaded ok\n";
```

```
    // Create a vector of inputs.
    std::vector<torch::jit::IValue> inputs;
    inputs.push_back(torch::rand({1, 3, 224, 224}));

    at::Tensor output = module->forward(inputs).toTensor();

    std::cout << output << '\n'
}
```

这个小程序里有一些新内容，不过大部分应该都能让你想到相应的 Python PyTorch API。第一个动作是用 torch::jit::load（Python 中是 torch.jit. load）加载我们的 TorchScript 模型。这里完成了一个空指针检查，确保模型确实已经正确加载，然后开始用一个随机张量测试这个模型。尽管可以很容易地用 torch::rand 来完成，但是与一个 TorchScript 模型交互时，由于 C++ 中实现 TorchScript 的方式，必须创建一个 torch::jit::IValue 输入向量而不只是一个普通的张量。创建后，可以把这个张量推入我们加载的模型，最后把结果写回到标准输出。与编译前面的程序一样，用同样的方式编译这个程序：

```
mkdir build
cd build
cmake -DCMAKE_PREFIX_PATH=/absolute/path/to/libtorch ..
cd ..
make
./load-cnn

0.1775
0.9096
[ Variable[CPUType]{2} ]
```

太棒了！我们轻轻松松就得到了一个可以执行定制模型的 C++ 程序。要注意，写这本书时这个 C++ 接口还处于 beta 阶段，所以这里的一些细节可能会有变化。在使用之前，一定要查看文档，以防万一！

小结

希望你现在已经了解如何把已训练（和调试）的模型转换为可以通过 Kubernetes 部署的一个 Docker web 服务。你还看到了如何使用 JIT 和

TorchScript 特性优化我们的模型，以及如何在 C++ 中加载 TorchScript 模型，因此除了在 Python 中实现神经网络，还可以实现神经网络的底层集成。

显然，我们无法只用一章来全面介绍有关生产环境提供模型服务的所有内容。我们谈到了部署服务，但这并不是全部，还需要持续地监控服务，确保模型保持准确度，根据基线重新训练和测试，而且相对于这里为服务和模型参数引入的版本控制，还要有更复杂的版本控制方案。建议尽可能地记录更多详细信息，充分利用日志信息进行重训练和监控。

至于 TorchScript，这个技术还处于发展初期，不过已经开始出现其他语言的一些绑定库（如 Go 和 Rust），不久以后应该就能很容易地把一个 PyTorch 模型加载到任何流行语言中了。

我有意略去了超出本书范围的一些内容。在前言中，我承诺说用一个 GPU 就可以完成这本书中的全部工作，所以我们没有讨论 PyTorch 对分布式训练和推理的支持。另外，如果你阅读有关 PyTorch 模型导出的资料，几乎肯定会看到大量文章都引用了开放式神经网络交换（Open Neural Network Exchange，ONNX）。这个标准由 Microsoft 和 Facebook 共同推出，这是 TorchScript 出现之前导出模型的主要方法。模型可以通过一个类似的跟踪方法导出到 TorchScript，然后导入其他框架，如 Caffe2, Microsoft Cognitive Toolkit 和 MXNet。目前仍在支持 ONNX，而且 PyTorch v1.*x* 中还在积极使用，不过，看起来 TorchScript 将是导出模型的首选方法。如果你对 ONNX 感兴趣，可以参见"延伸阅读"一节了解关于 ONNX 的更多详细内容。

成功地创建、调试和部署我们的模型之后，我们要用最后一章介绍一些公司如何使用 PyTorch。

延伸阅读

- Flask 文档（*http://flask.pocoo.org/*）。

- Waitress 文档（*https://oreil.ly/bnelI*）。

- Docker 文档（*https://docs.docker.com/*）。

- Kubernetes (k8s) 文档（*https://oreil.ly/jMVcN*）。

- TorchScript 文档（*https://oreil.ly/sS0o7*）。

- 开放式神经网络交换（*https://onnx.ai/*）。

- PyTorch 中使用 ONNX（*https://oreil.ly/UXz5S*）。

- 使用 PyTorch 进行分布式训练（*https://oreil.ly/Q-Jao*）。

第 9 章

PyTorch 的广阔世界

在最后一章中，我们将介绍其他人和公司如何使用 PyTorch。另外你还会了解一些新技术，包括调整图片大小、生成文本和创建能骗过神经网络的图像。与前面几章稍有不同，我们会重点考虑如何利用现有的库建立和运行应用，而不是用 PyTorch 从头开始。希望能以此为起点进一步地探索。

首先来研究尽可能充分利用数据的最后几个方法。

数据增强：混合和平滑

第 4 章中我们介绍了几种增强数据的方法，来帮助减少模型在训练数据集上的过拟合。很自然，我们希望能用更少的数据做更多的事情，这是深度学习研究中很活跃的一个领域，这一节我们将介绍两个日益流行的方法，来尽可能地充分利用数据，从你的数据中"挤出"其中最后一丝信息。这两个方法还会改变计算损失函数的方式，所以对于我们创建的更灵活的训练循环，这是一个很好的测试。

mixup

mixup（混合）是一种很吸引人的增强技术，其出发点是从不同角度来看我们希望模型做什么。对于一个模型，通常的理解是我们要向它发送一个图像，比如图 9-1 所示的图像，希望这个模型返回一个结果，告诉我们这是一个狐狸。

图 9-1：一只狐狸

不过，要知道并不是从模型直接得到这个结果，我们会得到包含所有可能类别的一个张量，这个张量中有最大值的元素可能对应狐狸类（fox）。实际上，在理想情况下，我们会得到这样一个张量：除了对应狐狸类的元素为 1，其余元素都是 0。

只不过神经网络很难做到这一点！总是存在着不确定性，而且由于我们使用的激活函数（如 softmax），使得张量很难得到 1 或 0 元素。mixup 利用了这一点，会问类似这样的问题：图 9-2 的类是什么？

图 9-2：猫和狐狸的混合

在肉眼看来这可能有点乱，不过这个图 60% 是猫，40% 是狐狸。如果不是让我们的模型做一个确定性的猜测，而是让它对两个类做出判断，会怎么样呢？这就意味着，输出张量不会遇到在训练中尽管逼近但永远无法达到 1 的问题，而且我们可以按不同的比例修改各个混合图像，从而提高模型的泛化能力。

不过，如何计算这个混合图像的损失函数呢？如果 p 是第一个图像在混合图像中所占的百分比，就有以下简单的线性组合：

```
p * loss(image1) + (1-p) * loss(image2)
```

需要预测这两个图像，对不对？而且我们需要根据这些图像在最终混合图像中所占大小来调整比例，所以这个新的损失函数看起来是合理的。要选择 p，可以像很多其他情况下一样，直接使用从正态分布或均匀分布抽取的随机数。不过，这篇 mixup 文章的作者认为，从 $beta$ 分布抽取的样本在实践中效果更好[注1]。你是不是不知道 beta 分布是什么样？实际上，在读到这篇文章之前我也不知道！给定这篇文章中描述的特征，图 9-3 显示了相应的 beta 分布。

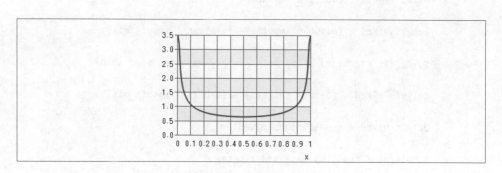

图 9-3：beta 分布，其中 α= β

这种 U 形很有意思，因为这就告诉我们，大多数情况下，我们的混合图像主要是其中某一个图像。而且，直觉上这也是有道理的，可以想象到，网络得到一个 50/50 混合会比得到一个 90/10 混合更困难。

注 1：　参见 Hongyi Zhang 等的"mixup: Beyond Empirical Risk Minimization"（2017）。

下面是一个修改后的训练循环，这里接受一个新的额外的数据加载器 mix_
loader 并混合批次：

```
def train(model, optimizer, loss_fn, train_loader, val_loader,
epochs=20, device, mix_loader):
  for epoch in range(epochs):
    model.train()
    for batch in zip(train_loader,mix_loader):
      ((inputs, targets),(inputs_mix, targets_mix)) = batch
      optimizer.zero_grad()
      inputs = inputs.to(device)
      targets = targets.to(device)
      inputs_mix = inputs_mix.to(device)
      target_mix = targets_mix.to(device)

      distribution = torch.distributions.beta.Beta(0.5,0.5)
      beta = distribution.expand(torch.zeros(batch_size).shape).sample().to(device)

      # We need to transform the shape of beta
      # to be in the same dimensions as our input tensor
      # [batch_size, channels, height, width]

      mixup = beta[:, None, None, None]

      inputs_mixed = (mixup * inputs) + (1-mixup * inputs_mix)

      # Targets are mixed using beta as they have the same shape

      targets_mixed = (beta * targets) + (1-beta * inputs_mix)

      output_mixed = model(inputs_mixed)

      # Multiply losses by beta and 1-beta,
      # sum and get average of the two mixed losses

      loss = (loss_fn(output, targets) * beta
              + loss_fn(output, targets_mixed)
              * (1-beta)).mean()

      # Training method is as normal from herein on

      loss.backward()
      optimizer.step()
    ...
```

这里所做的工作是：我们得到两个批次后，使用 torch.distribution.Beta 生成一系列混合参数，这里使用了 expand 方法生成一个形状为 [1, batch_size] 的张量。当然也可以迭代处理批次，一个一个地生成参数，不过这里的做法更简洁，而且要记住，GPU 很擅长矩阵乘法，所以一次完成批次上的所有计算速度会更快（应该记得，我们在第 7 章修正 BadRandom 转换时展示过这一点）。将整个批次与这个张量相乘，然后使用广播（在第 1 章介绍过）将要混入的批次与 1 - mix_factor_tensor 相乘。

然后得到这两个图像的预测相对于目标的损失，最后的损失是这两个损失和的均值。这里做了什么？如果查看 CrossEntropyLoss 的源代码，会看到一条注释"The losses are averaged across observations for each minibatch"（对各个小批次观察结果的损失求平均）。这里还有一个 reduction 参数，默认设置为 mean（目前为止我们都使用了默认值，所以你以前没有见过这个参数）。我们要保持这种状态，所以会计算组合损失的均值。

这里有两个数据加载器，尽管这不算太麻烦，不过，确实会让代码稍微复杂一些。如果运行这个代码，可能会有错误，这是因为最终批次来自加载器，所以这些批次并不平衡，这意味着你必须写额外的代码来处理这种情况。mixup 文章的作者建议，可以把混合数据加载器替换为对输入批次的一个随机混排。这可以用 torch.randperm() 来做到：

```
shuffle = torch.randperm(inputs.size(0))
inputs_mix = inputs[shuffle]
targets_mix = targets[shuffle]
```

采用这种方式使用 mixup 时，要知道这更有可能遇到冲突，即对相同的一组图像应用相同的参数，这可能会降低训练的准确度。例如，可以让 cat1 与 fish1 混合，取 beta 参数为 0.3。之后在同一个批次中，取出 fish1，使用参数 0.7 将它与 cat1 混合，这其实就是同一个混合！ Mixup 的某些实现（特别是 fast.ai 实现）解决了这个问题，会把混合参数替换为以下参数：

```
mix_parameters = torch.max(mix_parameters, 1 - mix_parameters)
```

这样在与混合批次合并时，可以确保未混排的批次总是有最大参数，这就消除了这个潜在的问题。

还有一点，我们是在图像转换流水线之后完成 mixup 转换。此时，我们的批次是加在一起的张量。这说明，mixup 训练完全可以不限于图像。转换为张量的任何类型的数据都可以使用这个技术，不论它是文本、图像、音频还是其他数据。

还可以再做一些工作来更好地利用标签。这就引入了另一种方法：标签平滑，这是当前最先进的模型的一大支柱。

标签平滑

类似 mixup，标签平滑（label smoothing）也是通过使模型不太确定它的预测来帮助提高模型性能。并不是要求模型对所预测的类别得到 1（这会存在上一节讨论过的所有问题），我们把它修改为预测得到 1 减去一个很小的值 *epsilon*。可以创建一个新的损失函数实现来包装现有的 CrossEntropyLoss 函数和这个标签平滑功能。实际上，写一个定制损失函数很简单，只需要创建 nn.Module 的另一个子类：

```
class LabelSmoothingCrossEntropyLoss(nn.Module):
    def __init__(self, epsilon=0.1):
        super(LabelSmoothingCrossEntropyLoss, self).__init__()
        self.epsilon = epsilon

    def forward(self, output, target):
        num_classes = output.size()[-1]
        log_preds = F.log_softmax(output, dim=-1)
        loss = (-log_preds.sum(dim=-1)).mean()
        nll = F.nll_loss(log_preds, target)
        final_loss = self.epsilon * loss / num_classes +
                    (1-self.epsilon) * nll
        return final_loss
```

计算损失函数时，我们会计算每个 CrossEntropyLoss 实现的交叉熵损失。要得到 final_loss，需要将负对数似然函数值乘以 1 减去 epsilon（我们的平滑标签），再加上损失乘以 epsilon 除以分类个数。这样做是因为，我们不仅要将预测类的标签平滑为 1 减去 epsilon，还会平滑其他标签，使它们不再必须为 0，而是一个介于 0 到 epsilon 之间的值。

对于这本书中使用了 CrossEntropyLoss 的所有训练，都可以用这个新的定制损失函数替代 CrossEntropyLoss，结合 mixup 使用时，这是一种极其有效的方法，可以更好地从你的输入数据获得更多信息。

以上介绍了数据增强，下面我们转向当前深度学习研究方向中的另一个热点内容：生成式对抗网络。

计算机，提高

随着深度学习能力的增强，一个奇怪的结果是，几十年来，我们这些搞计算机的人总是在嘲笑有些电视节目，这些节目中的侦探点击了一个按钮，就让模糊的摄影图像突然变成一个清晰的、聚焦的画面。还记得我们是怎样大肆笑话 CSI（《犯罪现场调查》）之类的电视剧吧。不过现在我们确实可以做到这一点，起码在某种程度上可以做到。下面给出这个魔法的一个例子，将一个较小的 256 × 256 图像放大为 512 × 512 的图像，如图 9-4 和图 9-5 所示。

图 9-4：分辨率为 256 × 256 的信箱

图 9-5：ESRGAN 增强的信箱（分辨率为 512 × 512）

神经网络会学习如何幻想（hallucinate）新的细节来填充原本没有的信息，效果可能很惊人。不过这是怎么做的呢？

超分辨率介绍

下面是一个非常简单的超分辨率（super-resolution）模型的第一部分。作为开始，这与目前为止看到的所有模型基本上是一样的：

```
class OurFirstSRNet(nn.Module):

  def __init__(self):
      super(OurFirstSRNet, self).__init__()
      self.features = nn.Sequential(
          nn.Conv2d(3, 64, kernel_size=8, stride=4, padding=2),
          nn.ReLU(inplace=True),
          nn.Conv2d(64, 192, kernel_size=2, padding=2),
          nn.ReLU(inplace=True),
          nn.Conv2d(192, 256, kernel_size=2, padding=2),
          nn.ReLU(inplace=True)
      )
```

```
def forward(self, x):
    x = self.features(x)
    return x
```

如果把一个随机张量传入这个网络，最后会得到形状为 [1, 256, 62, 62] 的一个张量，图像表示已经压缩为一个小得多的向量。现在引入一类新的模型层 torch.nn.ConvTranspose2d，可以把它想成是对一个标准 Conv2d 转换求逆的层（有自己的可学习参数）。我们将增加一个新的 nn.Sequential 层 upsample，放入这些新层和 ReLU 激活函数的一个简单列表。在 forward() 方法中，输入通过了其他层之后，再传入这个组合层：

```
class OurFirstSRNet(nn.Module):
    def __init__(self):
        super(OurFirstSRNet, self).__init__()
        self.features = nn.Sequential(
            nn.Conv2d(3, 64, kernel_size=8, stride=4, padding=2),
            nn.ReLU(inplace=True),
            nn.Conv2d(64, 192, kernel_size=2, padding=2),
            nn.ReLU(inplace=True),
            nn.Conv2d(192, 256, kernel_size=2, padding=2),
            nn.ReLU(inplace=True)

        )
        self.upsample = nn.Sequential(
            nn.ConvTranspose2d(256,192,kernel_size=2, padding=2),
            nn.ReLU(inplace=True),
            nn.ConvTranspose2d(192,64,kernel_size=2, padding=2),
            nn.ReLU(inplace=True),
            nn.ConvTranspose2d(64,3, kernel_size=8, stride=4,padding=2),
            nn.ReLU(inplace=True)
        )

    def forward(self, x):
        x = self.features(x)
        x = self.upsample(x)
        return x
```

如果现在用一个随机张量测试这个模型，你会得到与输入张量大小完全相同的一个张量！这里我们构建的是一个自动编码器（autoencoder），这是一类重新构建输入的网络，通常是在把输入压缩为一个较小的维度之后再重构。

在这里我们就是这样做的：features 序贯层是一个编码器（encoder），将图像转换为一个形状为 [1, 256, 62, 62] 的张量；upsample 层是我们的解码器（decoder），将它转换回原来的形状。

当然，用来训练图像的标签是我们的输入图像，但是这意味着有些损失函数我们无法使用，比如标准的 CrossEntropyLoss，这里因为这里没有分类！我们想要的损失函数应该能告诉我们输出图像与输入图像有多大差别，为此，可以取图像像素之间的均方损失或平均绝对损失，这是一种常用的方法。

 尽管按像素计算损失很有道理，不过实际上很多最成功的超分辨率网络都使用增强的损失函数，会努力捕捉所生成的图像与原图像的接近程度，这些损失函数可能容忍像素损失，而希望在纹理和内容损失等方面有更好的性能。"延伸阅读"一节中列出的一些文章更详细地介绍了有关内容。

既然得到了与输入大小相同的输出，再增加另外一个转置卷积怎么样？

```
self.upsample = nn.Sequential(...
nn.ConvTranspose2d(3,3, kernel_size=2, stride=2)
nn.ReLU(inplace=True))
```

试试看！你会发现输出张量的大小是输入张量的两倍。如果能访问一组这个大小的标定图像作为标签，我们就能训练网络，接受大小为 x 的图像，而生成大小为 2x 的输出图像。在实际中，我们往往会完成这个上采样，首先根据需要扩大两倍，然后增加一个标准卷积层，如下所示：

```
self.upsample = nn.Sequential(......
nn.ConvTranspose2d(3,3, kernel_size=2, stride=2),
nn.ReLU(inplace=True),
nn.Conv2d(3,3, kernel_size=2, stride=2),
nn.ReLU(inplace=True))
```

这样做是因为转置卷积有一个趋势，会在扩展图像时增加锯齿和云纹图案。通过扩大两倍然后再缩小为我们需要的大小，就能为网络提供足够的信息来平滑这些锯齿和云纹，使输出看起来更真实。

以上介绍了超分辨率的基础知识，当前大多数高性能超分辨率网络都采用一种称为生成式对抗网络的技术来训练，在过去几年里，这个技术可谓席卷了深度学习领域。

GAN 介绍

深度学习（或者任何机器学习应用）中的一个普遍问题是生成有标签数据的成本。在这本书中，我们主要使用已经仔细标注的样本数据集来避免这个问题（有些甚至还预打包了易于使用的训练/验证/测试集）。不过，在真实世界里，我们往往需要生成大量有标签的数据。实际上，目前为止你学习的技术（比如迁移学习）都是用更少的成本做更多的事情。不过，有时可能还需要更多，生成式对抗网络（generative adversarial network，GAN）会有所帮助。

GAN 是 Ian Goodfellow 在 2014 年的一篇文章中提出的，这是一种全新的方法，可以提供更多数据来帮助训练神经网络。这个方法的主要思想是"我们知道你喜欢神经网络，所以又增加了一个。"[注2]

伪造者与评判者

GAN 的结构如下：两个神经网络一起训练。第一个是生成网络（generator），它从输入张量的向量空间接受随机噪声，生成伪造数据作为输出；第二个网络是判别网络（discriminator），它交替接受生成的伪造数据和真实数据。它的任务是查看得到的输入，判断这是真实数据还是伪造数据。图 9-6 显示了 GAN 的一个简单概念图。

注 2： 参见 Ian J. Goodfellow 等的"Generative Adversarial Networks"（2014）。

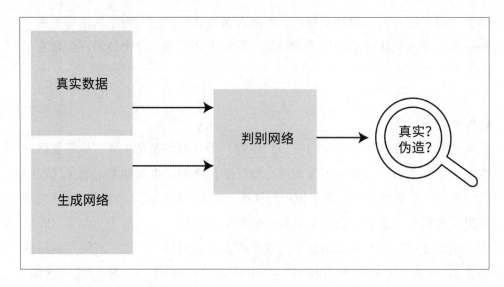

图 9-6：一个简单的 GAN 结构

GAN 的好处是，尽管细节有些复杂，不过总的思想很容易理解：两个网络彼此对立，训练中它们各尽所能地想要打败对方。这个过程结束时，生成网络要能生成与真实输入数据分布一致的数据，从而击败判别网络。一旦做到这一点，就可以使用这个生成网络生成更多数据来满足你的所有需要，那时判别网络就可以退休，可以去神经网络酒吧借酒浇愁了。

训练 GAN

训练 GAN 比训练传统网络要复杂一些。在训练循环中，我们首先需要使用真实数据开始训练判别网络。要计算判别网络的损失（使用 BCE，因为只有两个类：真实或伪造），然后像往常一样完成一个反向传播，更新判别网络的参数。不过这一次，我们不调用优化器来更新，而是由生成网络生成一批数据，将这些数据传入模型。计算损失，然后完成另一个反向传播，所以此时训练循环计算了模型中两次传播的损失。现在再调用优化器根据这些累积梯度完成更新。

在训练的下半部分，我们转向生成网络。让生成网络访问判别网络，然后生成新的一批数据（生成网络坚持说这都是真实的），在判别网络上测试。我们会得到这个输出数据的一个损失，在这里，判别网络判定为伪造的各个数据点会被认为是一个错误（wrong）答案（因为我们想要骗它），然后完成一个标准的反向／优化传播。

以下是 PyTorch 中的一个通用实现。注意，生成网络和判别网络都是标准的神经网络，所以理论上讲，它们可以生成图像、文本、音频或任何类型的数据，可以由目前为止你见过的任何类型的网络构成：

```
generator = Generator()
discriminator = Discriminator()

# Set up separate optimizers for each network
generator_optimizer = ...
discriminator_optimizer = ...

def gan_train():
  for epoch in num_epochs:
    for batch in real_train_loader:
      discriminator.train()
      generator.eval()
      discriminator.zero_grad()

      preds = discriminator(batch)
      real_loss = criterion(preds, torch.ones_like(preds))
      discriminator.backward()

      fake_batch = generator(torch.rand(batch.shape))
      fake_preds = discriminator(fake_batch)
      fake_loss = criterion(fake_preds, torch.zeros_like(fake_preds))
      discriminator.backward()

      discriminator_optimizer.step()

      discriminator.eval()
      generator.train()
      generator.zero_grad()

      forged_batch = generator(torch.rand(batch.shape))
      forged_preds = discriminator(forged_batch)
      forged_loss = criterion(forged_preds, torch.ones_like(forged_preds))

      generator.backward()
      generator_optimizer.step()
```

需要说明的是，PyTorch 的灵活性在这里有很大帮助。如果没有一个专用的训练循环（可能主要为更标准的训练而设计），我们经常会建立新的训练循环，而且我们知道需要包含的所有步骤。在另外一些框架中，训练 GAN 则是一个有些烦琐的过程。这一点很重要，因为即使没有框架的阻碍，训练 GAN 也实在是一个很困难的任务。

模式坍塌的危险

在理想世界里，训练时应该是这样的：开始时判别网络能很好地检测伪造的数据，因为它在真实数据上训练，而生成网络只能访问判别网络，不能访问真实数据本身。最后，生成网络会学习如何欺骗判别网络，它会快速改进来得到与真实数据一致的数据分布，从而反复生成能骗过判别网络的伪造数据。

不过，有一个困扰很多 GAN 架构的问题：模式坍塌（mode collapse）。如果我们的真实数据有 3 种类型的数据，生成网络可能首先开始生成第 1 类数据，而且可能做得很好。判别网络会认为所有看起来像第 1 类的数据实际上是伪造数据（即使是真实样本本身），然后生成网络开始生成看起来像第 3 类的数据。判别网络会拒绝所有第 3 种类型的样本，生成网络要选择生成另一个真实样本。这个循环会无休止地继续下去，生成网络永远也无法生成满足期望分布的样本来为训练划上一个句号。

使用 GAN 时，减少模式坍塌是一个重要的性能问题，这也是正在广泛研究的一个领域。这方面已经有一些方法，包括为生成数据增加一个相似性分数，这样就能检测并避免可能的坍塌，或者为所生成的图像维护一个重放缓冲区，使判别网络不会对最新的一批生成图像过拟合，另外还可以将真实数据集的实际标签增加到生成网络，诸如此类。

接下来，在这一节的最后我们来分析一个完成超分辨率的 GAN 应用。

ESRGAN

增强型超分辨率生成式对抗网络（Enhanced Super-Resolution Generative Adversarial Network，ESRGAN）是 2018 年开发的一个网络，可以生成令

人惊叹的超分辨率结果。生成网络是一系列卷积网络模块以及残差和密集层连接的一个组合（所以是 ResNet 和 DenseNet 的一个混合体），这里去除了 BatchNorm 层，因为这些层会在上采样的图像中增加计算任务。对于判别网络，不是只生成一个结果指出"这是真的"或者"这是假的"，它会预测真实图像比伪造图像相对更真实的一个概率，这有助于使模型生成更自然的结果。

运行 ESRGAN

为了展示 ESRGAN，我们要从 GitHub 存储库下载代码。使用 **git** 克隆：

```
git clone https://github.com/xinntao/ESRGAN
```

然后需要下载权重，这样就能使用这个模型而不需要训练。使用 README 中的 Google Drive 链接，下载 RRDB_ESRGAN_x4.pth 文件，把这个文件放在 ./models 中。我们要对"箱子里的 Helvetica"图像的一个缩小版完成上采样，不过完全可以在 ./LR 目录中放入任何图像。运行所提供的 test.py 脚本，你会看到生成的上采样图像，并保存到 results 目录。

关于超分辨率的介绍就到这里，不过，对图像的讨论还没有结束。

图像检测的更多探索

第 2~4 章我们介绍了图像分类，它们有一个共同点：我们要确定图像属于某一个类，猫或鱼。显然，在真实世界的应用中，这会扩展为一个更大的类集合。不过，我们认为图像有可能同时包括猫和鱼（对鱼来说，这可能是个坏消息），或者可能包括我们要查找的任何类。在一个场景中，可能有两个人、一辆车和一条小船，我们不仅想要确定他们出现在图像中，还想知道他们在图像中的什么位置。为此主要有两种方法：对象检测（object detection）和分割（segmentation）。下面会介绍这两种方法，然后介绍 Facebook 的 Faster R-CNN 和 Mask R-CNN 的 PyTorch 实现，看看具体的例子。

对象检测

下面来看箱子里的猫。我们真正想要的是让网络把这个"箱子里的猫"放在另一个框里！具体地，我们想要一个边界框（bounding box），包围图像中模型认为是猫（cat）的部分，如图 9-7 所示。

图 9-7：边界框中的"箱子里的猫"

不过怎么让我们的网络得出这个边界框呢？应该记得，这些网络能预测你希望它们预测的任何东西。除了对类的预测，如果同时生成另外 4 个输出怎么样？在我们的 CATFISH 模型中，有一个大小为 6 而不是 2 的 Linear 输出层。另外 4 个输出使用 $x1$, $x2$, $y1$, $y2$ 坐标定义一个矩形。当然，不再只是提供图像作为训练数据，我们还要提供边界框来增强数据，使模型有训练的目标。现在我们的损失函数是类预测交叉熵损失和边界框均方损失的一个组合损失。

这里并没有什么神奇的地方！我们只是要设计模型来提供我们需要的东西，输入数据（其中包含训练和做出预测所需的足够信息），另外包括一个损失函数，指出我们的网络表现如何。

除了生成边界框，另一个方法是分割（segmentation）。不是生成外框，网络会输出与输入大小相同的一个图像掩码；掩码中的像素根据它们所属的类别着色。例如，草可能是绿的，道路可能是紫色，汽车可能是红色，依此类推。

输出一个图像时，你可能在想，最后可能会使用与超分辨率一节中类似的架构。

这两个主题有很多交叉重叠，过去几年一种越来越流行的模型是 U-Net 架构，如图 9-8 所示。[注3]

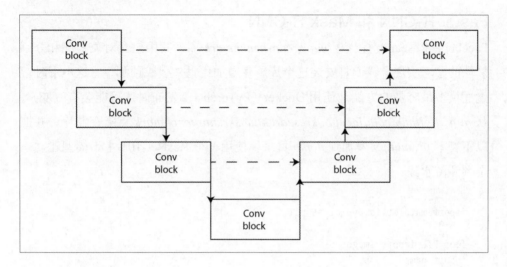

图 9-8：简化的 U-Net 架构

可以看到，经典的 U-Net 架构包括一组缩小图像的卷积模块，以及另外一系列将图像再放大为目标图像的卷积模块。不过，U-Net 的关键是从左边模块到右边相应模块之间的线，放大图像时，它们与输出张量连接。这些连接允许从更高层卷积模块传递信息，从而保留细节，否则这些细节可能会在卷积模块缩小输入图像时被删除。

你会发现基于 U-Net 的架构战胜了所有 Kaggle 分割比赛中的竞争者，从某些方面来讲，这也证明了这种结构非常适用于分割。应用于这个基本设置的另外一个技术是我们的老朋友：迁移学习。在这个方法中，U 的第一部分取自一个预训练的模型（如 ResNet 或 Inception），在这个已训练的网络之上增加 U 的另外一半（以及模块间的直连），并像往常一样微调。

注 3： 参见 Olaf Ronneberger 等的"U-Net: Convolutional Networks for Biomedical Image Segmentation"（2015）。

下面来看 Facebook 发布的一些预训练模型，它们可以提供最前沿的对象检测和分割技术。

Faster R-CNN 和 Mask R-CNN

Facebook Research 提供了 *maskrcnn-benchmark* 库，其中包含对象检测和分割算法的参考实现。我们将安装这个库，并增加代码来生成预测。写这本书时，建立模型最容易的方法是使用 Docker（PyTorch 1.2 发布时这可能会有改变）。从 *https://github.com/facebookresearch/maskrcnn-benchmark* 克隆存储库，并把以下脚本 *predict.py* 增加到 *demo* 目录，使用一个 ResNet-101 主干模型建立一个预测流水线：

```python
import matplotlib.pyplot as plt

from PIL import Image
import numpy as np
import sys
from maskrcnn_benchmark.config import cfg
from predictor import COCODemo

config_file = "../configs/caffe2/e2e_faster_rcnn_R_101_FPN_1x_caffe2.yaml"

cfg.merge_from_file(config_file)
cfg.merge_from_list(["MODEL.DEVICE", "cpu"])

coco_demo = COCODemo(
    cfg,
    min_image_size=500,
    confidence_threshold=0.7,
)


pil_image = Image.open(sys.argv[1])
image = np.array(pil_image)[:, :, [2, 1, 0]]
predictions = coco_demo.run_on_opencv_image(image)
predictions = predictions[:,:,::-1]


plt.imsave(sys.argv[2], predictions)
```

在这个简短的脚本中，我们首先建立了 COCODemo 预测器，确保传入建立 Faster R-CNN 的配置（而不是 Mask R-CNN，这会生成分割输出）。然后打开在命令行设置的一个图像文件，不过，必须把它转换为 BGR 格式而不是 RGB 格式，因为预测器要在 OpenCV 图像上训练，而不是在目前为止一直使用的 PIL 图像上训练。最后，使用 imsave 将 predictions 数组（原图像加上边界框）写至一个新文件，这个文件也在命令行上指定。把一个测试图像文件复制到这个 *demo* 目录，然后构建 Docker 映像：

```
docker build docker/
```

在 Docker 容器中运行这个脚本，会生成类似图 9-7 所示的输出（那个图像确实是用这个库生成的）。可以尝试不同的 confidence_threshold 值和不同图片。还可以切换为 e2e_mask_rcnn_R_101_FPN_1x_caffe2.yaml 配置来尝试 Mask R-CNN 模型，这会同时生成分割掩码。

要在模型上训练你自己的数据，就需要提供你自己的数据集，其中要为每个图像提供边界框标签。这个库提供了一个辅助函数，名为 BoxList。下面是一个数据集的实现骨架，可以把它作为起点：

```
from maskrcnn_benchmark.structures.bounding_box import BoxList

class MyDataset(object):
    def __init__(self, path, transforms=None):
        self.images = # set up image list
        self.boxes = # read in boxes
        self.labels = # read in labels

    def __getitem__(self, idx):
        image = # Get PIL image from self.images
        boxes = # Create a list of arrays, one per box in x1, y1, x2, y2 format
        labels = # labels that correspond to the boxes

        boxlist = BoxList(boxes, image.size, mode="xyxy")
        boxlist.add_field("labels", labels)
```

```
        if self.transforms:
            image, boxlist = self.transforms(image, boxlist)

        return image, boxlist, idx

    def get_img_info(self, idx):
        return {"height": img_height, "width": img_width}
```

需要把你新创建的数据集增加到 *maskrcnn_benchmark/data/datasets/init.py* 和 *maskrcnn_benchmark/config/paths_catalog.py*。然后可以使用 repo 中提供的 *train_net.py* 脚本完成训练。要注意，如果在一个 GPU 上训练这些网络，可能需要减少批量大小。

以上介绍了对象检测和分割，不过可以参考"延伸阅读"一节了解更多想法，包括名符其实"只用看一次"的 You Only Look Once (YOLO) 架构。另外，我们还要看看如何恶意地破坏一个模型。

对抗样本

你可能在网上见过一些关于图像的文章指出：可以用某种方式阻止图像识别正常工作。如果一个人举着一个图片对着摄像机，神经网络可能认为它看到的是一个熊猫或者其他类似的东西。这些就称为对抗样本（adversarial samples），对抗样本很有意思，可以通过这些途径发现你的架构的局限性以及如何最好地防范。

创建一个对抗样本并不难，特别是如果你能访问模型。下面给出一个简单的神经网络，对很受欢迎的 CIFAR-10 数据集中的图像分类。这个模型并没有什么特别的，所以完全可以把它换作是 AlexNet、ResNet 或者这本书中目前为止介绍的任何其他网络：

```
class ModelToBreak(nn.Module):
    def __init__(self):
        super(ModelToBreak, self).__init__()
        self.conv1 = nn.Conv2d(3, 6, 5)
        self.pool = nn.MaxPool2d(2, 2)
```

```
        self.conv2 = nn.Conv2d(6, 16, 5)
        self.fc1 = nn.Linear(16 * 5 * 5, 120)
        self.fc2 = nn.Linear(120, 84)
        self.fc3 = nn.Linear(84, 10)

    def forward(self, x):
        x = self.pool(F.relu(self.conv1(x)))
        x = self.pool(F.relu(self.conv2(x)))
        x = x.view(-1, 16 * 5 * 5)
        x = F.relu(self.fc1(x))
        x = F.relu(self.fc2(x))
        x = self.fc3(x)
        return x
```

一旦在 CIFAR-10 上训练这个网络,可以得到对图 9-9 中图像的一个预测。希望模型训练得足够好,能报告这是一个青蛙(如果是其他答案,可能还要再多做一些训练)。我们的做法就是对这个青蛙图片做足够的修改,把神经网络搞糊涂,以为它是其他东西,尽管我们仍然能认出这显然是一个青蛙。

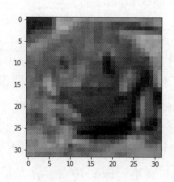

图 9-9:青蛙示例

为此,我们将使用一种称为快速梯度符号攻击法(fast gradient sign method)[注4]的攻击方法。具体想法是,取我们想要进行错误分类的图像,照常将它传入模型,这会为我们提供一个输出张量。对于预测,通常我们会用 `argmax()` 查看张量中哪个值最大,并使用这个值作为索引来访问分类类别。不过,这一次,我们假装要再次训练网络,并把结果在模型中反向传播,从

注4: 参见 Ian Goodfellow 等的 "Explaining and Harnessing Adversarial Examples" (2014)。

而得到相对于原始输入的模型梯度变化（在这里，原始输入就是我们的青蛙图片）。

完成之后，我们会创建一个新张量，查看这些梯度，如果梯度为正，就把相应元素替换为 +1，如果梯度为负，就替换为 –1。这样我们就得到了这个图像在哪个方向上推动模型的决策边界。然后乘以一个小标量（这篇文章中这个标量名为 *epsilon*）来生成我们的恶意掩码，再把它增加到原图像，这就创建了一个对抗样本。

下面给出一个简单的 PyTorch 方法，如果提供批次的标签、模型以及用来评价模型的损失函数，这个方法会返回一个输入批次的快速梯度符号张量：

```
def fgsm(input_tensor, labels, epsilon=0.02, loss_function, model):
    outputs = model(input_tensor)
    loss = loss_function(outputs, labels)
    loss.backward(retain_graph=True)
    fsgm = torch.sign(inputs.grad) * epsilon
    return fgsm
```

epsilon 通常通过实验得到。通过用不同的图像尝试，我发现 0.02 对这个模型就很适用，不过你也可以使用其他方法（如网格搜索或随机搜索）找到合适的值，甚至可以把一个青蛙转换成一艘船！

对我们的青蛙图片和模型运行这个函数，会得到的一个掩码，然后把它增加到原图像来生成我们的对抗样本。图 9-10 显示了最后的结果！

```
model_to_break = # load our model to break here
adversarial_mask = fgsm(frog_image.unsqueeze(-1),
                        batch_labels,
                        loss_function,
                        model_to_break)
adversarial_image = adversarial_mask.squeeze(0) + frog_image
```

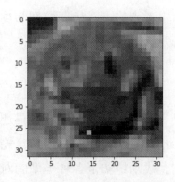

图 9-10：青蛙的对抗样本

显然，如果肉眼来看，我们创建的图像还是一个青蛙（如果在你看来这不是一个青蛙，说明你可能是个神经网络。请立即上报 Voight-Kampff 测试）。不过，如果从模型得到对这个新图像的预测，会得到什么？

```
model_to_break(adversarial_image.unsqueeze(-1))
# look up in labels via argmax()
>> 'cat'
```

我们战胜了模型。不过这是我们最初提出的问题吗？

黑盒攻击

你可能已经注意到了，要生成一个能欺骗分类器的图像，我们需要非常了解所用的模型。要掌握模型的完整结构，还要知道训练时使用的损失函数，另外需要在模型中完成前向和反向传播来得到梯度。在计算机安全领域，这是一个经典的白盒攻击（white-box attack）的例子，我们可以查看代码的任何部分，明确它在做什么，然后非法利用我们能找到的任何信息。

所以这有什么关系呢？毕竟，你在网上遇到的大多数模型都不允许窥视内部。那么能不能发起一个黑盒攻击（black-box attack）（采用这种攻击时，你能得到的只有输入和输出）？很遗憾，这确实是可以的。考虑我们有一组输入，而且有一组与之对应的输出。这些输出是标签，可以使用针对性的模型查询训练一个新模型，把这个新模型用作为一个本地代理，采用一种白盒方式完成攻击。正如在迁移学习中看到的，对代理模型的攻击会有效地作用于实际模型。那我们是不是没办法了？

防范对抗攻击

如何防范这些攻击？对于一个图像分类问题（是猫还是鱼），这可能没那么严重，不算是世界末日，不过对于自动驾驶系统、癌症检测系统等应用，则可能意味着生与死的区别。成功地防范各种类型的对抗攻击是尚在研究的一个领域，不过目前关注的重点是精炼和验证。

精炼（Distilling）模型是用一个模型训练另一个模型，这看起来会有帮助。对新模型使用标签平滑（见这一章前面的简要介绍）可能也有帮助。另外，让模型不太确定它的决定，在某种程度上平滑梯度，这会使本章前面介绍的基于梯度的攻击不那么有效。

一种更强的方法是利用早期计算机视觉年代的一些做法。如果对到来的数据完成输入验证，可能从一开始就可以防止对抗图像进入模型。在前面的例子中，生成的攻击图像有一些像素完全超出了我们看到青蛙时肉眼期望看到的范围。取决于具体的问题领域，可能会有一个过滤器，只允许通过了某些过滤测试的图像进入模型。理论上讲，也可以建立一个神经网络做这个工作，因为这样一来，攻击者就必须用同一个图像破坏两个不同的模型！

关于图像就介绍到这里。下面来看过去几年中基于文本的网络取得的一些进展。

不只是视觉：Transformer 架构

在过去十年里，基于图像的网络变得相当有效和流行，之所以有这样的发展，迁移学习作为一个重要特性功不可没，但文本问题一直是一个更难啃的"硬骨头"。不过，过去两年里迈出了很重要的几步，开始逐步挖掘在文本领域使用迁移学习来完成各种任务的潜力，如生成文本、分类和回答问题。我们还看到一类新的架构开始登上舞台：Transformer 网络（Transformer network）。这些网络并非来自赛博坦星球，不过我们见过的大多数强大的文本网络都以这个技术为基础，其中 OpenAI 的 GPT-2 模型（2019 年发布）生成的文本展示出惊人的质量，甚至 OpenAI 开始时没有发布这个模型的更大版本，以防止被非法利用。我们将了解 Transformer 的基本理论，然后深入介绍如何使用 Hugging Face 的 GPT-2 和 BERT 实现。

注意力

Transformer 架构的第一步是注意力（attention）机制，最初在 RNN 中引入这个机制是为了在"序列到序列"应用中提供帮助，如翻译[注5]。

注意力要解决的问题是翻译某些句子时可能有困难，如"The cat sat on the mat and she purred"（猫咪坐在垫子上，发出咕噜咕噜的声音）。我们知道，这个句子里的 *she* 是指这只猫，但是对于一个标准 RNN，这是一个很难理解的概念。它可能有我们在第 5 章讨论的隐藏状态，但是遇到这个 *she* 时，可能已经有很多时间步，而且每一步都有隐藏状态！

所以注意力（attention）机制所做的就是为每个时间步附加额外的一组可学习的权重，让网络重点关注句子中的某个特定部分。通常会把这些权重推送到一个 softmax 层来为每一步生成概率，然后利用以前的隐藏状态计算注意力权重的点积。针对前面这个句子，图 9-11 显示了这个技术的一个简化版本。

这个权重确保了当隐藏状态与当前状态结合时，在对应 *she* 的时间步，*cat* 是确定输出向量的主要部分，这就能提供有用的上下文来完成翻译，比如翻译成法语！

我们不打算全面地详细介绍注意力机制在具体实现中如何工作，不过要知道这个概念相当强大，正是基于这种技术，2010 年代中期 Google Translate 取得了令人惊叹的发展，并达到了惊人的准确度。不过，还不只如此。

注5: 参见 Dzmitry Bahdanau 等的"Neural Machine Translation by Jointly Learning to Align and Translate"（2014）。

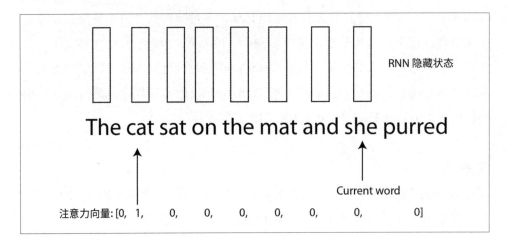

图 9-11：注意力向量指向 cat

Attention Is All You Need

在开创性的"Attention Is All You Need"[注6]一文中，Google 研究人员指出，我们一直只考虑在已经很慢的 RNN 网络上使用注意力机制（不管怎样，相对于 CNN 或线性单元，RNN 确实更慢）。如果根本不需要 RNN 呢？这篇文章指出，利用堆叠的基于注意力的编码器和解码器，可以创建一个根本不依赖 RNN 隐藏状态的模型，从而得到更大、更快的 Transformer，如今这已经在文本深度学习领域占据了主导地位。

核心思想是使用作者所称的多头注意力（multihead attention），通过使用一组 Linear 层对所有输入并行完成注意力步骤。利用这些技术，并借鉴 ResNet 的一些残差连接技术，Transformer 很快开始取代很多文本应用中的 RNN。BERT 和 GPT-2 是两个重要的 Transformer 模型，本书出版时它们代表了这个领域的当前最新技术。

我们很幸运，Hugging Face 提供了一个库（*https://oreil.ly/xpDzq*），用 PyTorch 实现了这两个 Transformer 模型。可以用 pip 或 conda 安装这个库，还要使用 git clone 克隆 repo 本身，因为后面我们要使用它的一些实用脚本！

注6：参见 Ashish Vaswani 等的"Attention Is All You Need"（2017）。

```
pip install pytorch-transformers
conda install pytorch-transformers
```

首先，我们来看 BERT。

BERT

Google 在 2018 年发布的 BERT 模型（Bidirectional Encoder Representations from Transformers，Transformer 的双向编码器表示）是最早对强大模型的迁移学习成功进行测试的例子之一。BERT 本身是一个基于 Transformer 的庞大模型（最小版本也有 11000 万个参数），在 Wikipedia 和 BookCorpus 数据集上完成了预训练。Transformer 和卷积网络处理文本时，以往的问题是：由于一次会看到所有数据，所以这些网络很难学习语言的时态结构。BERT 在它的预训练阶段克服了这个问题，它会随机地屏蔽 15% 的文本输入，要求模型预测屏蔽的部分。尽管从概念上讲这很简单，但由于模型相当庞大（最大的模型有 34000 万个参数），再加上使用了 Transformer 架构，这就为一系列与文本有关的基准测试带来了最新的结果。

当然，尽管 BERT 是 Google 用 TensorFlow 创建的，但也有一些面向 PyTorch 的实现。下面就来简单介绍这样一个实现。

FastBERT

要在你自己的分类应用中使用 BERT 模型，一个简单的方法就是使用 *FastBERT* 库，它结合了 Hugging Face 的存储库和 fast.ai API（稍后谈到 ULMFiT 时还会更详细地介绍这个内容）。可以像往常一样通过 pip 安装这个库：

```
pip install fast-bert
```

可以用下面的脚本在我们的 Sentiment140 Twitter 数据集（曾在第 5 章使用）上微调 BERT：

```
import torch
import logger
```

```
from pytorch_transformers.tokenization import BertTokenizer
from fast_bert.data import BertDataBunch
from fast_bert.learner import BertLearner
from fast_bert.metrics import accuracy

device = torch.device('cuda')
logger = logging.getLogger()
metrics = [{'name': 'accuracy', 'function': accuracy}]

tokenizer = BertTokenizer.from_pretrained
                ('bert-base-uncased',
                  do_lower_case=True)


databunch = BertDataBunch([PATH_TO_DATA],
                          [PATH_TO_LABELS],
                          tokenizer,
                          train_file=[TRAIN_CSV],
                          val_file=[VAL_CSV],
                          test_data=[TEST_CSV],
                          text_col=[TEST_FEATURE_COL], label_col=[0],
                          bs=64,
                          maxlen=140,
                          multi_gpu=False,
                          multi_label=False)


learner = BertLearner.from_pretrained_model(databunch,
                          'bert-base-uncased',
                          metrics,
                          device,
                          logger,
                          is_fp16=False,
                          multi_gpu=False,
                          multi_label=False)

learner.fit(3, lr='1e-2')
```

在导入语句之后，我们建立了 device、logger 和 metrics 对象，这是
BertLearner 对象要求的。然后创建一个 BERTTokenizer 对我们的输入数据完
成标记化，在这里我们要使用 bert-base-uncased 模型（它有 12 层，11000
万个参数）。接下来，我们需要一个 BertDataBunch 对象，其中包含训练、
验证和测试数据集的路径，在这里可以找到标签列、批量大小和输入数据的

最大长度，这里的最大长度很简单，因为只能是推文的长度，而目前推文的最大长度为 140 个字符。完成之后，使用 `BertLearner.from_pretrained_model` 方法建立 BERT 模型，这要传入我们的输入数据、BERT 模型类型、脚本开始时建立的 `metric, device` 和 `logger` 对象，还有最后的一些标志（用来关闭一些训练选项，我们不需要这些选项，但在方法签名中它们没有指定默认值）。

最后，`fit()` 方法负责在我们的输入数据上微调这个 BERT 模型，会在它自己的内部训练循环中运行。在这个例子中，我们要训练 3 个 epoch，使用的学习率为 `1e-2`。以后可以使用 `learner.model` 访问这个已训练的 PyTorch 模型。

以上介绍了如何建立和运行 BERT。下面来看它的竞争对手。

GPT-2

在 Google 默默开发 BERT 的同时，OpenAI 也在研究自己的基于 Transformer 的文本模型。不是使用屏蔽来要求模型学习语言结构，而是采用与第 5 章中的 RNN 类似的方式，这个模型把架构的注意力机制限制为只预测一个序列的下一个单词。因此，相比于 BERT 惊人的性能，GPT 稍有落后，不过 2019 年 OpenAI 推出了 *GPT-2* 作为反击，这是这个模型的一个新版本，使文本生成更上了一个台阶。

GPT-2 的魔力在于它的规模：这个模型在超过 800 万个网站的文本上进行了训练，最大的 GPT-2 模型达到了 15 亿个参数。另外，尽管对于一些特定的基准测试（如提问 / 回答或其他 NLP 任务）还不能取代 BERT，但 GPT-2 能由一个基本回应创建极真实的文本，OpenAI 甚至没有公开完整的模型，就是担心它会被非法利用。不过，OpenAI 确实发布了这个模型的一些较小版本（参数个数达到 11700 万到 34000 万）。

下面是 GPT-2 生成的一个输出示例。斜体部分都是由 GPT-2 的 340M 模型生成的：

Jack and Jill went up the hill *on a bike ride. The sky was a grey white and the wind was blowing, causing a heavy snowfall. It was really difficult to drive down the hill, I had to lean forward on a bit of gear to get it on. But then there was a moment of freedom that I would never forget: The bike was at a complete stop on the mountain side and I was in the middle of it. I didn't have time to say a word, but I did lean forward and touch the brakes and the bike started to go.*

除了从 *Jack and Jill* 换成 *I*，这里生成的文本确实让人叹为观止。对于小段文本，有时甚至难以分辨哪些是 GPT-2 生成的文本，哪些是人类生成的文本。随着继续生成文本，确实可能暴露出这是机器所为，但能立即写推文、发 Reddit 评论实在是不寻常的壮举。下面来看如何用 PyTorch 来做到。

用 GPT-2 生成文本

与 BERT 类似，OpenAI 官方发布的 GPT-2 版本是一个 TensorFlow 模型。同样类似于 BERT，Hugging Face 发布了 GPT-2 的一个 PyTorch 版本，也包含在 pytorch-transformers 库中。不过，围绕着原来的 TensorFlow 模型已经建立了一个迅速发展的生态系统，而目前 PyTorch 版本还没有这样的生态系统。所以这一次我们要取个巧：将使用一些 TensorFlow 库微调 GPT-2 模型，然后导出权重，将权重导入到 PyTorch 版本的模型中。为了避免太多设置，我们还会在一个 Colab notebook 中完成所有 TensorFlow 操作！下面就开始吧。

打开一个新的 Google Colab notebook，安装我们要使用的库，Max Woolf 的 *gpt-2-simple*，它将 GPT-2 微调封装在一个包中。在一个单元格中增加以下命令来安装这个库：

```
!pip3 install gpt-2-simple
```

接下来，我们需要一些文本。在这个例子中，我使用了一个公共领域文本，PG Wodehouse 的 *My Man Jeeves*。用 wget 从 Project Gutenberg 网站下载这个文本之后，我没有对它做任何进一步的处理：

```
!wget http://www.gutenberg.org/cache/epub/8164/pg8164.txt
```

现在可以使用这个库进行训练。首先，确保你的 notebook 连接到一个 GPU（查看 Runtime → Change Runtime Type），然后在一个单元格中运行以下代码：

```
import gpt_2_simple as gpt2

gpt2.download_gpt2(model_name="117M")

sess = gpt2.start_tf_sess()
gpt2.finetune(sess,
              "pg8164.txt",model_name="117M",
              steps=1000)
```

可以将这个文本文件替换为你使用的任何文本文件。这个模型训练时，每 100 步会生成一个样本。对我来说，开始时生成的文本有些像莎士比亚的剧本，最后变得很有沃德豪斯散文的味道，这确实很有意思。训练 1000 个 epoch 可能要用一两个小时，所以在云的 GPU 高速运转时，你完全可以走开去做一些更有意思的事情。

一旦完成，要从 Colab 得到权重，保存到你的 Google Drive 账户，以便以后下载，将来就能在此基础上运行 PyTorch：

```
gpt2.copy_checkpoint_to_gdrive()
```

这会指示你打开一个新网页，将一个验证码复制到 notebook。照着做，权重将打包为 *run1.tar.gz* 并保存到你的 Google Drive。

现在，在运行 PyTorch 的实例或 notebook 上，下载这个 tar 文件并解压缩。我们需要对几个文件重命名，使这些权重与 Hugging Face 的 GPT-2 实现兼容：

```
mv encoder.json vocab.json
mv vocab.bpe merges.txt
```

现在需要把保存的 TensorFlow 权重转换为与 PyTorch 兼容的权重。这很方便，pytorch-transformers repo 提供了一个脚本来完成这个工作：

```
python [REPO_DIR]/pytorch_transformers/convert_gpt2_checkpoint_to_pytorch.py
  --gpt2_checkpoint_path [SAVED_TENSORFLOW_MODEL_DIR]
  --pytorch_dump_folder_path [SAVED_TENSORFLOW_MODEL_DIR]
```

然后可以用以下代码创建 GPT-2 模型的一个新实例：

```
from pytorch_transformers import GPT2LMHeadModel

model = GPT2LMHeadModel.from_pretrained([SAVED_TENSORFLOW_MODEL_DIR])
```

或者，如果只是要尝试这个模型，可以使用 *run_gpt2.py* 脚本得到一个提示符，在这里输入文本，然后就会得到基于 PyTorch 的模型生成的样本：

```
python [REPO_DIR]/pytorch-transformers/examples/run_gpt2.py
  --model_name_or_path [SAVED_TENSORFLOW_MODEL_DIR]
```

Hugging Face 对其 repo 中的所有模型采用了一个一致的 API，所以未来几个月里训练 GPT-2 可能会更容易，不过 TensorFlow 方法作为起步是最容易的。

在基于文本的学习中，目前最热门的是 BERT 和 GPT-2，不过最后我们还要介绍当前最新模型的一匹黑马：ULMFiT。

ULMFiT

与 BERT 和 GPT-2 这两大巨头不同，*ULMFiT* 基于一个传统的 RNN。没有 Transformer，只使用了 AWD-LSTM，这是最早由 Stephen Merity 创建的一个架构。这个模型在 WikiText-103 数据集上训练，已经证实可以调整进行迁移学习，尽管是老架构，但事实上在分类领域很有竞争力，可以与 BERT 和 GPT-2 一争高下。

尽管与所有其他模型一样，究其核心，ULMFiT 也是可以在 PyTorch 中加载和使用的一个模型，不过这个模型在 fast.ai 库中，这个库在 PyTorch 之上，而且提供了很多有用的抽象，可以快速而且高效地进行深度学习。为了了解这一点，我们来看如何在第 5 章使用的 Twitter 数据集上使用 fast.ai 库的 ULMFiT。

首先使用 fast.ai 的 Data Block API 准备我们的数据来微调 LSTM：

```
data_lm = (TextList
        .from_csv("./twitter-data/",
        `train-processed.csv`, cols=5,
        vocab=data_lm.vocab)
        .split_by_rand_pct()
        .label_from_df(cols=0)
        .databunch())
```

这与第 5 章中的 `torchtext` 辅助工具很类似，只不过会生成 fast.ai 所说的 `databunch`，模型和训练例程可以由 databunch 很容易地获取数据。接下来，创建模型，不过在 fast.ai 中，做法稍有不同。我们会创建一个 `learner`，并与它交互来训练模型，而不是与模型本身交互，不过模型会作为一个参数传入。我们还提供了一个 dropout 值（这里使用 fast.ai 训练资料中建议的 dropout 值）：

```
learn = language_model_learner(data_lm, AWD_LSTM, drop_mult=0.3)
```

一旦有了 learner 对象，可以找出最佳的学习率。这与第 4 章中的实现类似，只不过这是库中内置的，而且使用了一个指数移动平均来平滑这个图（在我们的实现中，这个图很不平滑）：

```
learn.lr_find()
learn.recorder.plot()
```

由图 9-12 所示的图可以看到，看起来在 `1e-2` 处下降最快，所以选择这个值作为我们的学习率。Fast.ai 使用了一个名为 `fit_one_cycle` 的方法，它使用一个 1cycle 学习调度器（关于 1cycle 的更多详细内容参见"延伸阅读"一节）和非常大的学习率来训练模型，训练的 epoch 可以少一个数量级。

在这里，我们只训练一个周期，然后保存微调的网络模型（编码器）：

```
learn.fit_one_cycle(1, 1e-2)
learn.save_encoder('twitter_encoder')
```

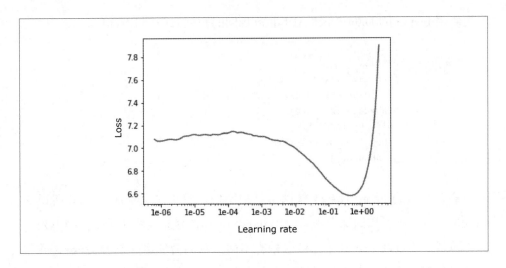

图 9-12：ULMFiT 学习率图

完成语言模型的微调后（你可能想通过更多训练循环来实验），为具体分类问题建立一个新的 databunch：

```
twitter_classifier_bunch = TextList
        .from_csv("./twitter-data/",
        'train-processed.csv', cols=5,
        vocab=data_lm.vocab)
        .split_by_rand_pct()
        .label_from_df(cols=0)
        .databunch())
```

这里唯一的区别是我们通过使用 label_from_df 提供了具体标签，并且从之前完成的语言模型训练传入一个 vocab 对象，确保它们使用相同的单词 - 数字映射，然后可以创建一个新的 text_classifier_learner，在这里，库会在后台为你完成所有模型创建工作。将微调的编码器加载到这个新模型，再次开始训练过程：

```
learn = text_classifier_learner(data_clas, drop_mult=0.5)
learn.load_encoder('fine_tuned_enc')

learn.lr_find()
learn.recorder.plot()

learn.fit_one_cycle(1, 2e-2, moms=(0.8,0.7))
```

只需要很少量的代码，我们就有了一个准确度达到 76% 的分类器。可以很容易地改进这个模型，比如让这个语言模型再多训练几个周期，增加差分学习率，以及在训练时冻结模型的某些部分，利用 learner 上定义的方法，fast.ai 支持所有这些改进。

使用哪一个模型

前面简要介绍了当前深度学习领域最先进的一些文本模型，你可能会有一个问题："这些都很好，不过我到底该用哪一个呢？"一般说来，如果你在处理一个分类问题，我建议先从 ULMFiT 开始。BERT 很引人注目，不过从准确度来讲，ULMFiT 与 BERT 不相上下，而且它还有一个额外的好处，要充分利用这个模型并不需要购买很多 TPU 额度。对于大多数人来说，一个 GPU 微调的 ULMFiT 可能就足够了。

至于 GPT-2，如果你想要生成文本，那么没错，这是更好的选择，不过，对于分类任务，它可能很难达到 ULMFiT 或 BERT 的性能。有一点我认为可能很有意思：可以让 GPT-2 放松数据增强。如果你有一个类似 Sentiment140 的数据集（也就是本书中一直使用的数据集），为什么不在这个输入上微调一个 GPT-2 模型，再用它生成更多数据呢？

小结

这一章我们了解了 PyTorch 的更广阔的世界，包括包含已有模型的库（可以在你自己的项目中导入这些库），可以在任何领域应用的一些先进的数据增强方法，还有可能危害你的模型的对抗样本以及如何防范这些样本。在结束我们的 PyTorch 旅程时，希望你已经了解如何组装神经网络，以及如何将图像、文本和音频作为张量传入神经网络。你应该能训练这些网络、增强数据、实验得到学习率，甚至可以在模型表现不好时调试模型。完成所有这些后，你还知道如何在 Docker 中打包模型，并提供服务来满足外部世界的请求。

接下来我们要做什么？可以考虑看看 PyTorch 论坛和网站上的其他文档。我强烈建议访问 fast.ai 社区，即使你不打算使用这个库，这是一个非常活跃的社区，有很多非常好的想法，还有很多人在实验新的方法，而且对新人也很友好！

追踪深度学习的前沿发展越来越困难。大多数文章都发表在 arXiv 上（*https://arxiv.org/*），不过发表的文章数量看起来几乎呈指数增长。在我写这个小结时，又发布了 XLNet（*https://arxiv.org/abs/1906.08237*），显然对于很多任务这个模型打败了 BERT，而且新的发展永无止境！为了帮助你了解这一点，我在这里列出了一些 Twitter 账号，这里经常推荐一些有意思的文章。我建议跟踪这些账号来了解当前有趣的工作，而且在此基础上，如果你认为可以进一步深入，还可以使用类似 arXiv Sanity Preserver 的工具做更多探索。

最后，我根据这本书训练了一个 GPT-2 模型，它生成了下面的文字：

> Deep learning *is a key driver of how we work on today's deep learning applications, and deep learning is expected to continue to expand into new fields such as image-based classification and in 2016, NVIDIA introduced the CUDA LSTM architecture. With LSTMs now becoming more popular, LSTMs were also a cheaper and easier to produce method of building for research purposes, and CUDA has proven to be a very competitive architecture in the deep learning market.*

好在可以看到，在我们这些作者失业之前，机器生成的文本还有很长的路要走。不过也许你会改变这一点！

延伸阅读

- 当前的超分辨率技术调查（*https://arxiv.org/pdf/1902.06068.pdf*）。

- Ian Goodfellow 关于 GAN 的演讲（*https://www.youtube.com/watch?v=Z6rxFNMGdn0*）。

- You Only Look Once (YOLO)（*https://pjreddie.com/darknet/yolo*），一组快速对象检测模型和很可读的一些文章。

- CleverHans（*https://github.com/tensorflow/cleverhans*），面向 TensorFlow 和 PyTorch 的一个对抗式生成技术库。

- The Illustrated Transformer（*http://jalammar.github.io/illustrated-transformer*），对 Transformer 架构的深入研究。

下面是一些值得关注的 Twitter 账号：

- *@jeremyphoward*，fast.ai 的共同创始人。

- *@miles_brundage*，OpenAI 的研究科学家（政策）。

- *@BrundageBot*，Twitter bot，会生成 arXiv 上一些有趣文章的每日摘要（警告，经常一天发 50 个推文！）。

- *@pytorch*，官方 PyTorch 账号。

作者介绍

Ian Pointer 是一位数据工程师，致力于为多个财富 100 强客户提供机器学习解决方案（包括深度学习技术）。Ian 目前任职于 Lucidworks，从事前沿 NLP 应用和工程的研究。2011 年他从英国移民到美国，2017 年成为美国公民。

封面介绍

本书封面上的动物是一只红头啄木鸟（学名：Melanerpes erythrocephalus）。红头啄木鸟原产于北美的开阔森林和松树草原。它们会向美国东部和加拿大南部迁徙。

红头啄木鸟直到成年后才长出引人注目的红色羽毛。成年红头啄木鸟的背部和尾巴为黑色，头和脖子是红色的，腹部羽毛为白色。与之不同，幼鸟的头是灰色的。成年后，这些啄木鸟重 2~3 盎司，翼展达到 16.5 英寸，身长 7.5~9 英寸。雌鸟一次能产 4~7 个蛋。它们在春天繁殖，每一季最多繁殖两窝。雄鸟会帮助孵化和喂养。

红头啄木鸟捕食昆虫（它们可以在空中捕捉昆虫），还会吃种子、水果、浆果和坚果。它们在树上和地面上用其特有的啄食动作觅食。冬天，红头啄木鸟会把坚果储存在洞里和树皮上的裂缝里。

O'Reilly 书封面上的很多动物都是濒危动物，它们对我们的世界都很重要。

封面图片由 Susan Thompson 根据 *Pictorial Museum of Animated Nature* 中的一幅黑白版画绘制，